聚焦突破

OKR 管理

從 CEO 到小員工

楊全紅 **著**

三茅人力資源網 **策劃**

專注並執行！不論企業規模、職位高低、員工多寡通通受用，
Google 和一流企業激推的超強管理法則

▶ 從小型初創到大型企業，展示了 OKR 的廣泛適用性

▶ 提供詳細步驟和實例，幫助企業從零開始實施 OKR

▶ 打造支持 OKR 的企業文化，使組織持續成長和創新

O＝目標　KR＝關鍵結果　OKR＝企業績效 up！

目錄

目錄

第八章　OKR 的推廣和溝通

第九章　設計公司層面的目標

第十章　設計公司層面的關鍵結果

目錄

第十四章　設計中的常見錯誤自查與糾正

第十五章　OKR 管理工具

第十六章　OKR 的口頭演示準備

目錄

第十七章　OKR 的會議準備

第十八章　OKR 的評分

第十九章　如何給予回饋

第二十章　OKR 的適用場景

第二十一章　打造 OKR 文化

第二十二章　OKR 實施的真實故事

前言

◆ 為什麼寫 HR 管理工具書？

寫 HR 管理工具書的初衷，是在將近二十年的管理顧問服務中，深深體會到客戶群體的成長，需求的變化，以及隨之而來的對於管理顧問服務方式的改變。

如果用時尚行業做比喻，那麼二十年前管理顧問行業像是高級定製，只服務於一小批名流貴婦，潮流風格端莊正式而遠離生活，工藝精益求精，幾位時尚大咖推動潮流而客戶趨之若鶩；而如今的諮詢更像輕奢潮牌，客戶們（尤其是創業者們）年輕朝氣眼界開闊，極富個性和創造力，價值觀不受別人所左右，熱衷共創。

在這樣的背景下，與其費時費力地提供高級定製的成衣，何不分享版型樣例和工具箱，邀請客戶一起，共同打造他們心中的時尚？也許不如高定正規精緻，但是一定更具創意，更多樣化，最要緊的是，一定更加適合他們的企業。

◆ 為什麼寫 OKR？

自從 1999 年安迪‧葛洛夫（Andy Grove）將目標和關鍵成果法（OKR）介紹給 Google 的兩位創始人，OKR 以其五大優勢而風靡矽谷。如今，不光是矽谷，也不光是互聯網行業，大洋兩岸越來越多的行業和公司都在採用 OKR。

關於 OKR 方法論的介紹和著作也有不少，但是對於初次引入這套體系的管理者，尤其是初創公司的管理者來說，更希望看到一本半成品的

前言

使用手冊，根據自己企業的情況稍作加工即可使用。

因此本書定位為半成品的使用手冊，讀者根據自己企業的情況稍作加工即可使用。據此，本叢書試圖將玄虛的設計過程，簡化成一道道選擇題、填空題、改錯題。每一部分都有方法論的指點，諮詢工具或者相關案例的分享，輔之以來自老鳥的小提示，以及供讀者自行設計發揮的留白。讀者只要跟隨本書的步驟完成這些設計內容，就可以開始使用了。

本文中各職位的 OKR 樣例庫是從長期的專案累積，和國內外一些網站上的公開資料編譯而成。該樣例庫呈現的是多樣化資訊來源的集錦，而非設計解構後的單一公司的 OKR 結果。以此做參考時候不建議全盤照抄，更建議以此啟發靈感，根據本書指引完成整個公司的 OKR 體系設計工作。

◆ 致謝

本書從一個念頭種子，到最後成書，每一個步驟都來源於客戶、朋友、家人的貢獻。需要感謝的人很多，難以一一列舉；希望最後的作品不辜負他們的期望。

本人水準有限時間倉促，難免不足。此為拋磚引玉，誠摯地希望大家指點。更期待的，是看到各位創業者在使用這本書的過程中有所突破，化繭為蝶，創造出一片多彩紛呈的美麗世界！

楊全紅

第一章

為什麼要採用 OKR

1.1
時代呼喚 OKR

OKR 的發明者是前英特爾 CEO 安迪·葛洛夫。但是真正使它名揚天下的，是從 1999 年安迪·葛洛夫將目標和關鍵成果法（OKR）介紹給 Google 的兩位創始人開始，OKR 在 Google 取得了巨大成功。數年間，OKR 不僅風靡矽谷，而且超越行業超越國家，橫掃大洋兩岸越來越多的公司，成為資訊時代最具代表性的管理工具。

OKR 既可以用於初創的微型企業也可以用於十萬人以上的龐然大物；既可以用於政府部門也可以用於慈善機構；既可以用於企業管理也可以用於職業發展；甚至在疫情下遠端辦公等非常時刻它也能大顯身手（更具體的示例請見本書第二十章）。

比迅速普及更具備說服力的，是應用 OKR 的公司展現的令人瞠目結舌的高成長率。無數初創公司在 OKR 的支持下，由岌岌無名迅速崛起為行業獨角獸，甚至成為壟斷巨頭。著名的 FAANG（Facebook、Apple、Amazon、Netflix、Google 的合稱）即為其中佼佼者。當然，這樣絢麗的業績背後有諸多因素，但是無人否認，OKR 是其中重要的推手之一。

1.2
OKR 帶來的超能力

OKR 為企業帶來的益處遠遠不止於業績和市值的成長。採用過 OKR 的公司經常提到的有：

☑ 策略聚焦

☑ 簡單靈活

☑ 公開透明

☑ 全員參與

☑ 調諧取齊

☑ 挑戰極限

OKR 的優勢如此炫目，甚至被戲稱為「OKR 的超能力」！而且 OKR 還年輕，還在不斷發展。隨著越來越多的公司加入使用行列，OKR 也注定會演化反覆運算，誰能預測還有哪些優勢被開發出來呢？

1.2.1 策略聚焦

一位幫助了數十家高成長公司成功實施了 OKR 的諮詢顧問認為，策略聚焦是迄今為止最重要的優勢。當你身處一個高速發展的企業，身邊很可能是「全明星夢之隊」，每一個都富有生產力和創新精神，夢想著改變世界。尤其是外部市場變幻莫測的情況下，你們的創意火花層出不窮，總會有新的事情要做，但是團隊很難焦點一致。OKR 提供了一個框

架，該框架不會抑制行動力，而是引入有紀律的思考，將行動力引導用
於實現優先目標。

◆ 小提示

☑ 如果你的公司還很年輕，那麼你很可能會遇到聚焦問題，這是上進
　心強的團隊的共同困擾 —— 太多激動人心的目標在閃閃發光地誘惑
　資源有限的年輕團隊。

☑ 在取捨的時候，決定做什麼與不做什麼同樣有價值。甚至有人說，
　選擇放棄什麼目標比選擇投入哪些目標更加重要。

☑ 設置你的第一個 OKR 可能很痛苦，但是不要因此而灰心。請記住，
　制定你的第一個 OKRs 將是一個學習經驗。

■1.2.2 簡單靈活

過去幾十年工業時代，發明了很多有效的企業管理工具：

☑ 願景使命

☑ 企業策略

☑ 策略解碼

☑ 商業計畫

☑ 年度預算

☑ 職位說明

☑ 指標分解

☑ 績效管理等等

雖然邏輯非常強，結構非常清晰，過去幾十年的記錄也顯示可靠有
效，但是總給人非常沉重古板僵化的感覺。在今日瞬息萬變的商業世界
裡，在資訊化的浪潮裡，總是計畫跟不上變化。

OKR 像精靈般橫空出世，它吸收了上述管理工具的精華，但又並不與其衝突。既可以適用於初創企業，又能在十萬人級別的集團中大顯身手。難怪它數年間風靡全球。

1.2.3 公開透明

公開透明其實包括了好幾個維度：

☑ 人群維度：所有人的 OKR，上到 CEO 下到新員工，全部公開發布。每一個員工都知道 CEO 的工作焦點，每個部門都知道鄰居部門的工作重點。

☑ 時間維度：不僅當季的 OKR 公開發布，連過去季度的 OKR，包括過去季度的得分，全都有公開連結。這樣大家都知道某一個專案進展如何，為什麼繼續推進或者為什麼不推進。

☑ 媒介維度：每個人的 OKR 不僅發布在內部系統上，而且內部郵寄地址，推特等社群媒體等都有連結（當然在商業機密允許的准入範圍內）。已經超越了規劃工具而變成宣傳工具。

1.2.4 全員投入

規劃最大的敵人就是不實施。再精美的規劃，停留在紙面上，價值也等於負數。自帶互聯網去中心化的基因的 OKR，與以往的「先規劃再動員」的路徑不同，從一開始就強調全員參與，並且實實在在地要求一半以上 KR 來自底層輸入。員工不只是按照公司的意圖參與過程，而且被鼓勵將自己的意圖轉變成商業規劃，親手實現。對於資訊時代的從業者，這個機制的激勵作用不可小覷。

參與不僅反應在內容上，也反應在格式上。無論是自上而下還是自下而上的輸入，都不推崇採用過去那種冗長死板的「八股文體」。目標的詮釋應該激勵人心，文體可以輕鬆有趣，描述應該簡短生動，版面應該簡潔明朗，讓人看了能量滿格，全心投入。應該說，這是一個更高的要求，大家都還在探索的路上。

▌1.2.5 調諧取齊

主要指 OKR 將各部門各團隊各層級的努力協調一致，共同朝向公司的目標。也指管理者、團隊和員工將他們的日常活動與組織目標明確聯繫起來的一種狀態。這種狀態的大前提是 OKR 的公開透明。

Google 的瑞克·克勞（RickKlau）對 OKR 的這個性能稱頌有加。他舉例說，因為所有人的 OKR 都公布出來，在此人的郵箱、社群媒體、內網等隨處都有連結，所以公司的任何人都知道另外一個人的目標和關注點，這非常有助於提高合作效率。比如：他本人曾經任負責某一個平臺的產品經理。如果其他部門的同事想在他負責的平臺推銷某一個產品（所有人都喜歡在他平臺上推銷產品），那麼跟他預約會談之前，上網查查他當季的 OKR，就會把他的態度揣摩個八九不離十：如果想推銷產品與他該季度的關注重點有吻合之處，那麼推銷很有可能成功；如果新的產品對於他的關注點形成分心或者干擾，那麼可想而知。當然，他鍥而不捨的同事仍然可以選擇繼續推銷，但是開會前就可以預知他的態度，有助於同事準備好合適的說辭和備選方案。例如調整自己的產品與平臺的目標取齊，或者時間稍微推遲，這次會上只介紹一個概念，真正的推廣動作留到下個季度等等，以此來提高說服他的可能性。

從上面例子可以看出，OKR 從源頭上有助於各方協調立場，取齊步調，提高合作效率。傳統方式下很多協調校準談判妥協等工夫，從源頭上就無聲無息地省去了。

1.2.6 挑戰極限

Google 的創始人之一謝爾蓋・布林（Sergey Mikhaylovich Brin）是挑戰極限的大師。他經常說，「我寧可讓員工把火星作為目標，最終即使夠不到星星，也可以在月亮上登陸」。在 Google，OKR 得分 0.7 已經是極其高的分數，如果有人得了滿分，那很可能是目標設立得不夠挑戰性。

不僅是 Google，一眾高成長的公司都覺得 OKR 這個特點深得其意，用起來得心應手。那麼挑戰極限是否 OKR 造成的呢？

中國企業家馬雲在創業初始，曾經向無數受眾宣傳他的構想，得到的回應是：「你這是想要把一艘萬噸巨輪，抬到珠穆朗瑪峰上啊？」應該說，做出這個反應的聽眾，起碼是聽懂了馬雲想要做什麼。二十年回首，阿里巴巴對世界做出的改變，確實不亞於把萬噸巨輪抬上聖母峰。而達成這樣巨變的，是每一天每一個季度，阿里人挑戰極限的努力。雖然當時的阿里還沒有開始 OKR，但是對於類似胸懷大志的公司，無論採用什麼管理工具，它的目標一定是雄心勃勃的。OKR 只不過因其靈活性而特別適應這樣的公司而已。

1.3
練習：篩選並聚焦 OKR 的目的

■練習一

從下面選擇你要採用 OKR 的最重要的單個原因：

☐ 策略聚焦　☐ 簡單靈活　☐ 公開透明
☐ 全員參與　☐ 調諧取齊　☐ 挑戰極限
☐ 其他

■練習二

用自己的語言準備解釋 OKR 將如何幫助你改善業務。（即將實施 OKR，你要做的第一步就是說服管理層，為什麼要實施 OKR？它會幫公司達到什麼目的？最好提前準備好話術）

第二章

OKR 的基本概念

2.1
O 和 KR 分別代表什麼

OKR 是英文縮寫，意思是目標和關鍵結果。用發明者安迪 · 葛洛夫的話說：

☑ O（目標）＝ What（做什麼？）

☑ KR（關鍵結果）＝ How（如何做？）

或者說 O 是方向，KR 是「我到達了沒有」（是或不是）。舉一個簡單例子，當約翰 · 杜爾（John Doerr）來到 Google 的辦公室，想說服 Google 管理層採用 OKR 的時候，他甚至為這次研討會設置了一個OKR：

O（目標）	開發一個可行的規劃模式
KR（關鍵結果）	一在（具體時間）內按時完成演示 一完成一組包含 3 個月目標和關鍵結果的樣本 一使管理層同意建立一個為期 3 個月的試用系統

顯然，他這個會議的 OKR 是非常成功的。從那時候開始，每個季度，每個 Google 人（現在有 75,000 人了），都寫下自己的 OKR，評分評級，並公布在內網上。它並不用於晉升，也不用於獎金，OKR 的目的遠遠高於此。這是每個人的以及整個公司集體的承諾，朝向一個共同的目標。從始至終，從未鬆懈。Google 的管理層甚至說，他們不能想像沒有 OKR 如何管理這家公司。

2.2
什麼是好的 OKR

2.2.1 好的目標和關鍵結果

目標總是定性的,激勵人心的。它們是你,你的團隊或你的組織旨在實現的目標。它應該是一個清晰的、單行的聲明,有意義、以行動為導向,並且理想情況下是鼓舞人心的。

◆ 小提示

在撰寫目標時,我們通常會憑直覺來靈魂三問:

☑ 這目標有意義嗎?是重中之重嗎?它是否闡明了明確的方向?

☑ 它大膽嗎?結果是理所當然,還是讓你每天所做的事情更上一層樓?它是否代表著與我們今天相比的重大變化?

☑ 它有啟發性嗎?目標容易記住嗎?它是否為你的團隊賦能?

關鍵結果始終是定量的,可衡量的。結果會直接了當地告訴你,你是否實現了目標,因此應該適合度量,不存在任何疑問。即使結果是「Yes/No」,也可以視作二進位下的數字。例如:「通過考試」是有效的數字鍵結果,其值可以為「是」(1)或「否」(0)。

◆小提示

在撰寫關鍵結果時候的靈魂三問：

☑ 它們是具體的和有時間限制的嗎？是否明確說明需要發生什麼以及何時發生？

☑ 他們是激進的，還是現實的？他們是否有抱負，但不是太離譜以至於永遠無法完成？

☑ 它們是可衡量和可驗證的嗎？何時達到成功的標準是否明確？

▌2.2.2 OKR 的具體要求

☑ 簡單明瞭，最好一頁以內。現在基本都用電子版了，但是長度依然以一頁紙以內為佳。試想每人只有三個以內的 O，每個 O 各自有三個左右的 KR，總共才十多行字才對啊！

☑ 具有挑戰性，不應該是舒舒服服或者維持現狀就能夠達到的。當一個季度開始的時候，你對能否達成該季度的 OKR 應該感到惴惴不安，而不是十拿九穩。否則你沒有給自己足夠壓力，可能是力度不夠，也可能是視野寬廣度不夠等。試著逼自己一把，你的潛力會讓自己刮目相看的！

☑ 每個季度、每個年度的 OKR 都設置更新。年度 OKR 並非刻在石頭上一成不變的。十一月分設立下個年度的 OKR，但是如果到了次年五月，內外部情況大幅度反轉需要做出調整，那麼就相應修改，而不是僵化地遵從年度週期。OKR 是輔助工具，不是用來捆綁手腳的。何況，在瞬息萬變的 VUCA 時代，如果死板地等候年度結束才調整，商機早就不在了。

☑ 具體、可衡量。好的 KR 可以讓所有人在季度末一目了然地對達成情況客觀評分而不產生歧義，而不是各有各的理解，為了如何詮釋 KR 而爭吵不休。例如：「將 ×× 應用功能改得更好」就是一個很差的例子，因為每個人心目中對於「更好」都有不同的定義。你心目中的更好，可能是頁面更美觀，但是別人心目中的更好，可能是客戶流失率降低 ××%，使客戶操作所需的平均時長降低 ××% 等。具體衡量方法可以參考 SMART 原則。

☑ 關鍵結果可能是指標（KPI），也可能是活動（Activities），這是 OKR 與 KPI 的不同之一。

☑ OKR 應該很有趣！每天早上看著這短短的幾行字，應該讓你充滿能量；每天晚上入睡前，你應該離你的目標更靠近了一點，這本身就很激動人心啊！

◆ 小提示

OKR 不是績效評估武器，要知道，Google 和其他實行 OKR 的公司依然有標準的年度績效評估，OKR 並不是年度績效評估的一部分。關於這點最容易混淆，具體闡述請參見 OKR 與 KPI 章節。

2.3
練習：試著寫自己的 OKR

▌練習一

用你自己的語言說明目標和主要結果是什麼。

目標是：

主要結果是：

▌練習二

以自己為例，創建一個示例目標和一些與你的業務相關的關鍵支持結果。

我的目標是：

關鍵結果 1：

關鍵結果 2：

關鍵結果 3：

2.4
OKR 的初步分類

隨著 OKR 體系的成熟，更多的細分類別浮現出來。剛開始涉足 OKR 的時候，我們不要求大家在每一次設計的時候都覆蓋所有的類別，也不現實。但是了解並試用這些不同的類別，可以讓我們的 OKR 更加豐滿立體，而不是枯燥單一。在本書的第十一章，我們會深入闡述這些不同類型的 OKR 如何設計與平衡。

以下的分類各自從不同的角度去區隔，它們彼此並不衝突。就像觀看一個魔術方塊，可以從正面看，上面看，也可以從側立面看。

☑ 公司層面 vs 團隊層面 vs 個體層面 OKR

☑ 年度 vs 季度 OKR

☑ 投入型 vs 產出型 OKR

☑ 數量型 vs 品質型 OKR

☑ 承諾型 vs 期望型 vs 學習型 OKR

☑ 領先型與滯後型 OKR

更多分類資訊請見後續章節。

第三章

組成 OKR 專案組

3.1
為什麼要有 OKR 設計小組

對於採用任何新流程或新做法，成立一個專案組要好過孤軍奮戰，
OKR 也不例外。我們發現，儘早將你的關鍵成員以專案組形式組織起
來，對於 OKRs 的成功至關重要。如果細分，設計階段與推廣實施所需
的素養要求不盡相同，建議由同一個專案組從設計到實施，但是裡面的
角色有所側重。

▍3.1.1 專案組組成以及職責

專案組成員並非全職的，可能包括：

☑ 一位高層管理人員，作為 OKR 的發起人，宣導者，堅定的支持者；
☑ 相關職能部門的代表，從管理的角度進行制度設計，並推廣實施
 OKR 流程；
☑ 一兩位業務部門的主管，協助業務部門輸入，並且有可能提供試點
 部門；
☑ 建議有一位工作層成員，後續負責流程和實施的，提前加入設計階段
 專案組，並從實施可行性角度參與設計（這就是 OKR 實施大師）。

具體人數根據自己公司情況可以酌情增減。小型公司可能一兩個人
就可以兼顧了，超大型公司恐怕要加各個事業部的代表。具體組成可以
參照你的公司其他管理專案組的構成。

▌3.1.2 設計組成員的畫像

對於設計小組的要求：

☑ 業務專家；

☑ 深諳績效與員工行為的連結；

☑ 心態開放，接受創意；

☑ 了解外部實踐操作；

☑ 能站在整個公司的高度想問題，而不是僅僅考慮自己主管的部門；

☑ 務實而實際。

當然沒有任何人是全能的，只要整個小組集合了以上特質就可以。事實上，這也是很多時候成立設計小組的原因：因為沒有單個人可以具備設計所需的所有特質。

3.2
練習：建立你的 OKR 設計小組

☑ 心中草擬一個設計小組的名單。

☑ 邀請你名單上的每位成員來設計 OKR 的規則和實踐。

3.3
為什麼要任命 OKR 實施大師

　　OKR 的負責人是你團隊中的一個人，負責確保 OKR 的實施無懈可擊。任命 OKR 大師是實施 OKR 時最重要的事情之一。如果忽略此步驟，OKR 的實施往往就是失敗的。

3.3.1 出色的 OKR 大師的特點

　　那麼，誰適合這個角色呢？在尋找自己的 OKR 大師時，請記住要符合以下要點：

- ☑ 他們是雇員，而不是外部顧問
- ☑ 營運層面的專家（建議不要讓高管擔任這一職務）
- ☑ 熱衷於 OKR
- ☑ 享受指導和輔導
- ☑ 有組織性，有承諾

3.3.2 OKR 實施大師的職責

- ☑ 確保團隊遵循商定的 OKR 實踐
- ☑ 指導和教練團隊進行 OKR 流程
- ☑ 促進 OKR 的採用

☑ 幫助團隊提出重要目標和關鍵成果

☑ 管理 OKRs 工具

在採用 OKR 的過程中應儘早任命 OKR 的大師，因為這將是成功啟動 OKR 的關鍵人物。

◆ 小提示

中小規模的公司裡，OKR 實施大師由一個人擔任即可。如果你的公司是大型集團，無論從人數規模還是業務分布都很多元化，最要緊的是其他管理流程也不是集中化的，那麼也許要考慮加多 OKR 實施大師共同推動這一流程。

任命並宣布 OKRs 實施大師（或大師團隊）。然後慶祝吧！

第四章

選擇一個試點族群

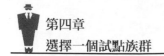
4.1
為什麼要選擇一個試點族群

公司的規模對推行 OKR 有影響嗎？多大規模的公司應該推行 OKR 呢？這也是常被問到的一個問題。

事實上，多大規模的公司都可以推行 OKR，事實上，當公司規模還小的時候，比如只有五個人，是很容易推廣 OKR 的階段。這五個人將來可能各自帶 100 人的團隊，屆時他們會自然而然地將 OKR 的做法推廣到他們的團隊中。

◆小提示

原來在 Google 負責部落格產品的瑞克·克勞（RickKlau）回憶，由於 OKR 已經深入人心，嵌入他們的工作習慣了，哪怕在他調換了職位之後，目前在 Google 風投上只是一個人的團隊，他仍然堅持做 OKR。這個工具無時無刻不在幫助他規劃聚焦，因此即使現在已經無人監管了，他仍然使用 OKR 規劃自己每個季度的工作。而且，幾年以後回首，只要看一看過去幾年的 OKR，就能一目了然地回憶起，在那忙碌的歲月中，最大的成就是什麼，最難過的關口是什麼，對於公司團隊和個人，這都是一個非常好的記錄方式。

但是公司的規模對於初次推廣的方式有影響，尤其是試點族群的選擇。除非你的團隊極小，否則最好選擇幾個人作為你的試驗組。

4.2
選擇試點族群的兩種方式

公司選擇試點小組有兩種基本方法：選擇某一層級（例如管理層）或一項職能（例如研發部）。兩種方法都有好處，你應該自己決定什麼才更有意義。

選擇管理層作為你的試點小組通常效果很好，因為管理層通常相對成熟，習慣於朝著目標努力。目標將更具策略性，OKR 的一致性優勢將大放異彩。這種方法的缺點是，試點結束後全員推廣時候，有點像從管理層那裡「空降」的感覺。

選擇一個試點部門或職能的好處是，可以看到整個過程在各個層級是如何進行的，從該部門中的最低職位到最高職位的人都體驗這個過程，並且可以給出各自的回饋。如果 OKR 在試點團隊中有效，並且被其他職能或部門看到，他們會更願意採用 OKR，整個公司的推廣實施會順利。反之亦然。

無論你採用哪種方法，我們始終建議採用漸進方法。關於推廣實施的更多資訊在本書後續章節中會有專門介紹。

◆ 小提示

對於規模更大的集團公司來說，試點方式可能不限於以上兩種。我們看到他們更多地考慮各個事業部的性質，讓工作性質最貼近的業務單位先行。例如：有好幾年，中國的華為在 2012 實驗室開展 OKR，其他各個事業部和子公司仍然採用傳統的業務規劃和績效管理方式。

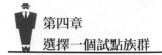
4.3
練習：選擇你的試點族群

☑ 選擇一組將在你的公司中試用 OKR 的人員。

☑ 定義 OKR 試點的時間長度。

第五章

設定基本規則

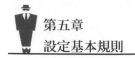
　　關於 OKR，你會發現許多「基本規則」，或者「最佳實踐」。但實際上，每家公司引進 OKR 時候都會至少進行一些調整。根據我們的經驗，只要這些調整適合你的公司的情況，只要每個人都同意這些調整，就完全沒問題。在這裡，我們列出了一些最重要的方面，這些方面將定義你的 OKR 流程。

5.1
公司 vs 團隊 vs 個人

　　第一個決策是很容易做出的：根據你的公司的組織結構和業務規劃，設定需要在哪些層面上定義 OKR？集團公司和事業部需要設嗎？團隊中有沒有分更多層級？

5.2
目標數量

　　一個團隊或個人可以擁有的最大目標數量是多少？各家公司要求不同，但是大多集中在一個很窄的範圍：3 ～ 4 個，但不超過五個仍然可以考慮。

一開始實施的那個季度，我們甚至建議將此數字設置為一：先試著實現一個目標再逐步增加。逐步過渡了穩定狀態後，一個人或一個團隊在每個計劃時期（例如：季度）最多應具有 3 個目標。

◆ 小提示

剛開始推廣時，目標數量可以是個漸進的數字。如果員工同時專注 3 個目標有困難，可以嘗試每個人只設一個目標。首先，在極端簡練的形式下，快速學習專注的價值。隨著大家對於 OKR 的熟悉，逐漸加多到 3 個目標。

5.3
關鍵結果的數量

對於每個目標，關鍵結果的最大數量是多少？有些公司並沒有限制它們，但以我們的經驗來看，三個最好，而五個仍然可以接受。如果一個目標似乎需要五個 KR 以上，請嘗試將其分解為兩個目標。

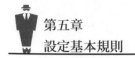

5.4
練習：設定適合你公司的基本規則

☑ 定義你選擇的 OKRs 設置層級。

☑ 確定個人或團隊可以擁有的最大目標數。

☑ 選擇應附加到每個目標的最大關鍵結果數。

5.5
案例分享：部落格產品的 7 個目標

　　案例分享：部落格產品的負責人瑞克·克勞回想他有一個瘋狂的季度，他最多曾有 7 個目標！那個季度他瀕臨崩潰，而且最終達成情況也並不滿意，這實在可以理解。因此在工作量本身已經超級飽和，目標也極具挑戰性的前提下，太多 OKR 是不現實的。

　　換一個角度想目標的數量問題：一個季度只有 13 週（這還不算節假日和年假等其他缺勤時間）。如果設立三個目標，那麼平均每個目標只有 4 週出頭，這對於策略性的重要的目標達成其實是相當緊張的。當然，實際工作中我們的時間是穿插分配在各個目標上的，但是這個角度可以讓我們現實地估算一下，真正能投入到每個目標實現上面的時間，免得盲目承諾然後面對一地雞毛。

第六章

設定 OKR 週期

6.1
常見的 OKR 週期

在採用 OKR 時，你需要決定的一件事是計劃週期的長短，或確定目標的頻率。

最常見的節奏是季度。首先，大多數企業已經按照財務季度營運，因此通常感覺很自然。其次，許多人聲稱三個月是實現宏偉目標的最佳時間。所以季度是最常見的 OKR 週期。

話雖如此，也有比季度更長或者更短的週期，而且都很適合各自的情況。像字節跳動這樣大型的互聯網平臺，就選擇半年作為 OKR 的週期。而高成長性的初創公司往往會以更高的速度移動，並且環境往往會快速變化。為了反映這一點，許多公司的節奏會更短。我們發現，在快速變化的環境中，六到八週的節奏最為有效。

6.2
設定週期的具體日期

設定週期不僅是在年度和季度之間打個鉤這麼簡單，OKR 是個周而復始的過程，員工需要知道各種活動的具體日期，才能步調一致。需要

結合你公司的財年或者其他週期，把每個關鍵里程碑標注出來並發布給
員工。

以最常見的季度週期為例，下圖是一個比較籠統概括的樣例供
參考：

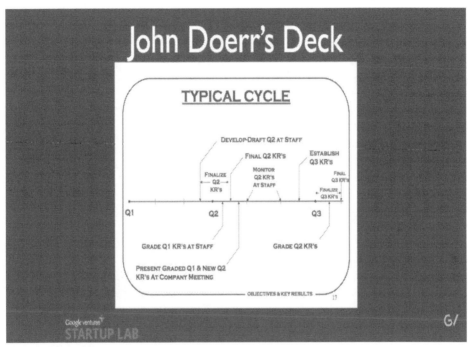

這是一個文字描述版本供參考：

日期	活動
一月一日	開始執行一季度 OKR 並監控進展
三月中旬	開始起草二季度 OKR
四月第一週	員工自己進行 OKR 評分
四月中旬	完成二季度 OKR

四月下旬	在公司大會上演示一季度 OKR 得分，並公布新的二季度 OKR
整個二季度	執行二季度 OKR 並監控進展

就這樣周而復始。

當然也可以選用日曆版本的：

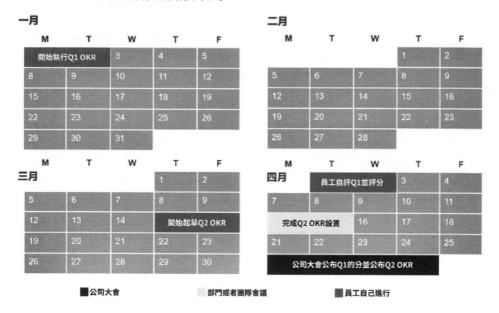

6.3
練習：設定你的 OKR 週期

定義 OKR 的計畫節奏並將其傳達給團隊。

6.4
OKR 追蹤會議節奏

除了 OKR 的設置週期以外，團隊應該多久開會跟進一次 OKR 的進度？這是一種類似企業週會形式的，簡短的例行的追蹤會議（有公司管它叫做「簽到」）。通常每週一次，也有公司選擇兩週一次。

時間建議控制在半小時之內。現在企業人的作息，用大洋彼岸的話來形容是「矽谷永不眠」，用中國大陸的語言是「996」、「007」。無論用哪種方式描述，每週半小時對於員工已經是很大的負擔，如果能夠兩週一次，也是很大程度的減輕負擔。

6.5
練習：設定 OKR「簽到」會議節奏

決定你公司 OKR 追蹤會議的節奏並將其傳達給團隊。

第七章

設置 OKR 的三種方法

7.1
設置 OKR 的三種方法

可以設置 OKR 的三種基本方法：

☑ 自上而下：所有目標均由經理或上級主管設定。在某些情況下，執行長為整個組織設置 OKR。

☑ 自下而上：員工根據自己職位認為應該實現的目標設置自己的 OKR。為此，應明確定義公司的 OKR、使命和願景。

☑ 協商談判：經理或主管與員工就 OKR 進行協商談判。經理通常會說：「我們部門需要在本季度達到 X 和 Y，你將如何幫助我達到？」

◆ 小提示

☑ 大多數公司最終都會使用這三種方法的某種混合，因為這是在經理管理團隊的需求與個人擁有自己的旅程的需求之間取得平衡的理想選擇。

☑ 其中公司和團隊層面的 OKR 往往更多地自上而下，而個人層面的目標會加入更多自下而上的成分，最終透過雙方協商而達到平衡。

☑ 讓人驚喜的是，很多時候來自底層的建議非常有靈感有熱情，尤其在初創企業裡。無論是否採用到當季 OKR 裡，管理者都應該認真消化吸收來自底層的輸入。

7.2
「自上而下」與「自下而上」的結合

無論選擇哪種方法來設置 OKR，請務必牢記每種方法的利弊：

☑ 自上而下：促進協調，快速計劃。

☑ 自下而上：促進參與和動力，不需要太多協調。

☑ 協商談判：自上而下與自下而上之間的中間立場。

◆ 小提示

☑ 理想狀態下，最終的產出中，有 60% 以上的目標和關鍵結果是自下
而上提出的。

☑ 無論最終方案是哪方提出的，都需要雙方同意才發布。

7.3
練習：決定適合你的設計方法

你選擇哪種方法來設置 OKR？

7.4
案例分享：
Paperless Post 公司如何幫助團隊制定良好的目標

Paperless Post 公司為各類活動提供線上邀請函定製服務，包括婚禮和嬰兒洗禮、早午餐和野餐、晚餐和雞尾酒會、讀書會和遊戲之夜以及任何其他類型活動。在幾家線上邀請函公司的競爭中，是什麼讓 Paperless Post 公司脫穎而出呢？原因之一是：不是由管理層給員工列出策略重點，告訴他們該怎麼做。「我們不同於同規模的其他公司的地方，是公司整體的合作。」

這種對合作的重視帶來了有競爭力的商業優勢，以及雇主品牌的優勢。而且，該公司言出必行 —— 合作成為了跨職能的 OKR。「我們讓團隊參與到 OKR 過程中，對如何完成工作這個問題，我們重視員工的想法，他們有發言權。」人事主管凱莉‧法勒（Carrie Farler）說。

「我們使用 OKR 作為一種設定更宏偉目標的方式，並使幾個團隊向同一目標看齊，以執行長期計畫。」聯合執行長阿莉莎‧赫希菲爾德（Alexa Hirschfeld）說。「公司的任何團隊都可以設定一個大目標，但你需要一個計畫來實現這個目標。對我們來說，OKR 提供了一個從大目標向後工作的框架。」

該公司目前有兩種產品 —— 卡片和傳單。舉個例子，卡片或傳單團隊之一設立一個目標，把發送的活動數量成長一定的百分比，那麼下一步則是兩個團隊間互相合作，實現目標。

一個內容團隊的最終 OKR 可能是這樣的：

O	在第二季度之前，傳單團隊的業績成長 X%
KR1	國慶日活動成長 X%
KR2	成人禮成長 Y%
KR3	成人生日成長 Z%

來源：Paperless Post

「OKR 使 Paperless Post 公司能夠建立明確的工作方向和約束，同時使員工對所做工作擁有所有權，並理解其背後的『原因』。」他們表示，隨著時間的推移，Paperless Post 公司團隊發現，越把決策權交給實際做工作的人，就越好。「當你給予那些最接近工作的人權力時，就會產生最好的結果。」赫希菲爾德建議，「你必須掌控好你的具體程度，為團隊留下空間，盡可能多讓他們去決定細節。」

關於 Paperless Post 公司的完整內容請見本書「22.2 Paperless Post 公司如何幫助團隊制定良好的目標」。

第八章

OKR 的推廣和溝通

8.1
OKR 的溝通準備

每個員工都需要清晰了解，整個 OKR 流程，這個季度的三個月裡，每個里程碑，每個人需要做什麼。但是又不能過度溝通，資訊的狂轟亂炸會帶來員工反感。因此，非常有必要做一個溝通計畫：

☑ 誰？

☑ 什麼時候？

☑ 傳達哪些資訊？

☑ 給哪些受眾？

☑ 採用什麼媒介傳達？

☑ 溝通頻率？

雖然推廣和溝通是極其個性化的事情，每家公司甚至不同員工的接受性不同，但是仍然有些共性。很多成功推出 OKR 的公司總結出以下最佳實踐，希望能對你有所啟發。

8.2
如何第一次推出 OKR

　　一旦你確定了公司的目的並聚焦 OKR 的某一種「超能力」，就有很多方法和選擇來推出 OKR。一些公司和組織可能會在一個月的時間內將框架在整個組織內生效，而另一些則認為執行漸進式的推廣更好，他們會在一個團隊內試行 OKR 方法，然後再在整個組織內實施。

　　在這兩種情況下，在工作環境中推進任何事情都需要領導團隊的承諾。因此，在整個組織實施 OKR 之前，還有什麼團隊比領導團隊更適合進行試點呢？正如約翰·杜爾在《OKR：做最重要的事》（*Measure What Matters*）一書中所說：「除了專注，承諾是我們第一種超能力的核心要素。在實施 OKR 的過程中，領導者必須公開承諾他們的目標並保持堅定不移。」在領導單位中的高層 OKR，可以讓組織的決策者在要求其他團隊做同樣的目標設定之前，建立起理解 OKR 的基礎。

　　然而，即使你不是領導者或執行團隊的一部分，你也可以從特定部門或團隊開始建立並設定 OKR。在團隊中引入並最終試行 OKR 時，以下幾點至關重要：

　　第一，清楚而全面地介紹這個框架，並分享其他公司使用 OKR 的成功案例。不僅要傳達全公司 OKR 框架的好處，還要包括它將如何具體滿足你團隊的獨特需求和挑戰。

第二，一開始少制定幾個目標，有 3～5 個關鍵結果。約翰·杜爾在《OKR：做最重要的事》一書中寫道：「我們必須意識到 ── 並在意識到的基礎上採取行動 ── 如果我們試圖關注所有的事情，我們就什麼都不關注。」優先性和簡單性是目標和關鍵結果框架的核心。儘管在面對許多需要實現的目標和挑戰時，這可能是一個嚴格的優先排序過程，但 OKR 過程將幫助領導者更好地將注意力和資源導向對公司目標具有最大影響潛力的最佳解。

第三，你要決定如何將 OKR 在團隊或組織中層層推進。由於目標管理的方法有很多，所以提前計畫並想出框架實施計畫是很重要的。考慮到你組織的結構、需求和挑戰，你可以問自己以下問題：

☑ OKR 是按季度還是按年度來審查？

☑ 當我們採用了 OKR，是否會有組織、部門和個人團隊成員的三個層次，還是只有一個組織範圍內的層次，每個人都要遵循？

第四，利用現成的海量 OKR 資源。目標設定和在整個組織中推廣一個框架並不是一件小事，但你的團隊並不是唯一想獲得 OKR 成功的。有一些資源可以幫助指導你的 OKR 實施過程。例如：本書會配合若干次直播，介紹如何解決常見的挑戰和問題，比如實施多少個 OKR 層以及評定和評估 OKR 的最佳方法。此外，許多公司和組織利用免費工具和付費軟體來更好地進行 OKR 追蹤。

◆ 實例

如前所述，有幾種策略可以試行 OKR。考慮到你組織的目標和規模，當務之急是探索什麼方法對你的團隊最有效。以下是幾個真實例子，說明不同組織是如何試行 OKR 的：

1. MASS 設計集團首先在他們的營運部門試行 OKR，然後在第二年
   將其推廣到組織的其他部門。這使得該團隊能夠確定挑戰和好處是
   什麼，並在制定目標時在其最高級團隊成員中建立起對該框架的
   擁護。

2. 青年投資論壇的 Thaddeus Ferber 在他領導的小型政策團隊中試行了
   OKRs，作為確定目標優先次序和更好地衡量影響的一種方式。論壇
   的領導團隊對這個過程的結果印象深刻，決定在第二年實施公司的
   OKR。

3. 除了將目標和關鍵結果納入每一次定期會議，無論是一對一還是團
   隊會議， Possible Health 和尼泊爾的 Nyaya Health 都利用了 Asana
   等定製軟體工具來幫助管理他們的流程。該框架最終被推廣到他們
   的營運、臨床、共用服務和社區團隊。

◆ 擁有一個 OKR 宣導者

　　無論你的推廣策略如何，擁有一個宣導者是關鍵。由於人們通常對
組織變革持懷疑態度和不情願的態度，試點是建立宣導者的一個好方
法。為了將來的參考， 一定要不斷注意你的實施中的成功領域和薄弱環
節，以便成為其他團隊的最佳資源。這個宣導者可以是你，也可以是你
任命的設計小組或者 OKR 實施大師。

8.3
常見問題：我們應該多快推出 OKR

在採用目標和關鍵結果時，精心策劃的推出至關重要。一旦做錯了，整個過程會給員工留下不好的印象。做對了，它可以為公司各級的 OKR 帶來興奮、員工敬業度和信心。

OKR 方法是一個簡單而強大的目標管理系統，它使組織保持專注、一致並致力於實現其最雄心勃勃的目標。透過透明地定義組織的延伸目標以及實現這些目標所需的步驟，OKR 向所有員工明確他們的工作如何與公司目標相連繫。然而，簡單並不意味著容易。為了使 OKR 真正為你的組織工作，推出 OKR 需要深思熟慮和持續的承諾。

實現成功部署的最大因素之一是速度。最好在一個季度內在全公司範圍內推出它們嗎？還是先與領導團隊一起試用幾個季度，然後再將它們分解到組織的其他部分會更好？答案取決於你的公司。

沒有絕對正確的方法來推出 OKR，但是，本常見問題解答將概述一些可以幫助你的團隊取得成功的指南。

8.3.1 這是一場馬拉松，而不是短跑衝刺

OKR 推出的主要目標不是讓公司中的大多數人盡快使用 OKR。目標是提高卓越營運 —— 為你的團隊建立最佳基礎以透過 OKR 取得成功是第一步，也是最關鍵的一步。將它們推出多遠和多快是以後的考慮。

誠實地看看你的公司，看看它在哪裡，目前走到哪一步了？

你的公司是否已經擁有資源和結構來定期設置、分發、追蹤和審查 OKR？你的團隊正在編寫高品質的 OKR 嗎？如果是這樣，你可能是少數可以從頭到尾開始使用 OKR 的組織之一。

如果不是，則可能值得採用更漸進的方法，以適應你的團隊可以實際處理的部署速度。同樣，逐步推出 OKR 的速度取決於你的公司。

如果這是你第一次實施結構化的目標追蹤流程，或者你對自己的 OKR 寫作能力還沒有信心，那麼從一個較小的團隊開始，提高你制定清晰的全公司目標的技能，然後進行擴展可能是有意義的實踐。在早期階段，品質會比絕對速度產生更好的結果。

全公司範圍的 OKR 是最好的起點。它們完全由領導團隊設定，並圍繞公司的高層目標提供重點和一致性。讓領導團隊看到精心設計的 OKR 的影響以及圍繞它們進行有意義的對話將產生連鎖反應，並有助於為未來的推出創造動力。

經過幾個週期後，隨著公司習慣了 OKR，OKR 擴展到部門、團隊和個人層面。

對於像車庫裡的初創公司這樣的小公司來說，暫時只遵守公司範圍的 OKR 可能更有意義。員工少於 10 人的公司不一定需要個人 OKR（團隊 OKR 和個人 OKR 之間取一即可）。

8.3.2 一個忠於承諾的領導團隊至關重要

無論你選擇以何種速度推出它們，一個忠誠的領導團隊對於採用和設置 OKR 至關重要。

在《OKR：做最重要的事》中，約翰・杜爾寫道，「正如價值觀不能透過備忘錄傳遞一樣，結構化的目標設定不會透過法令扎根。OKR 需要領導層在言行上做出公開承諾。」

OKR 是一項集體承諾。這是領導團隊必須以身作則的地方。如果公司的領導者把 OKR 當作事後的想法，你就不能指望組織認真對待 OKR。

OKR 需要在組織中占有突出地位。需要分配適當的時間和資源來制定正確的 OKR，使其在整個公司範圍內可見，並對其進行追蹤。

在軟體實驗平臺優化（Optimizely），他們指定了一個「OKR 牧羊人」，他為公司中想要獲得 OKR 回饋的任何人提供辦公時間。線上學習平臺技能分享（Skillshare）在其規劃過程中包含一個協調步驟，以確保公司範圍內的 OKR 與自下而上的 OKR 保持一致。非營利組織可能提供「相當多的指導」。

「我們必須坐下來展示這個系統如何增加價值 —— 我們必須讓它成為現實。」Possible Health 的尼泊爾營運長戈拉夫・蒂瓦里（Gaurav Tiwari）說。

有無數種方式來證明承諾，但最終員工必須看到 OKR 會繼續存在並且它們有效。在每次會議的頂部查看它們，讓它們在網路上和辦公室周圍可見。需要承認早期的成功故事以及吸取的經驗教訓。隨著員工對框架越來越熟悉，將目標設定為 OKR 應該成為第二天性。

「不斷重複這條資訊，直到你自己聽膩了為止。」約翰・杜爾建議道。

直覺（Intuit）前資訊長 Atticus Tysen 在公司內逐步推出 OKR 時應用了約翰・杜爾的建議，使它們在整個過程中高度可見。在 2017 年目標峰會上，他說：「我認為最重要的事情之一是領導層是否真的在使用它並在

日常對話中使用它。在我所有的會議中，我都會展示我的 OKR 並讓人們對其進行評論。」

無論你選擇採取何種步調，成功的推出都需要出色的 OKR、有意義的對話和反覆練習。

8.4
練習：起草你的 OKR 溝通計畫

起草你的 OKR 溝通計畫：

- ☑ 誰？
- ☑ 什麼時候？
- ☑ 傳達哪些資訊？
- ☑ 給哪些受眾？
- ☑ 分幾個階段？
- ☑ 溝通頻率？
- ☑ 採用什麼媒介傳達？
- ☑ 用什麼溝通文件？
- ☑ 有哪些注意事項？

第九章

設計公司層面的目標

9.1
公司層面的目標從哪裡來

9.1.1 公司層面目標的意義

公司設定年度和季度目標是一種相當普遍的方法，我們建議高成長和早期階段的公司也這樣做。

公司的年度目標應該是最重要和最雄心勃勃的目標，它將幫助公司實現其使命並按照其願景執行。

公司範圍內的目標和關鍵結果有助於調整團隊，確保所有成員都朝著相同的目標努力。它們為整個組織提供了關於公司當前最重要的優先事項的明確資訊。

即使是那些處於高位的人也不能免於錯誤。麻省理工學院史隆管理學院和倫敦商學院在 2015 年進行的一項調查顯示，在 11,000 名高級管理人員和經理中，只有三分之一可以列出公司的三大優先事項。這是一個巨大的問題。隨著時間的推移，公司可能會被牽扯到太多不同的方向，因為部門和員工在沒有明確設定優先順序的情況下做出決策。

然而，這本來是可以預防的。透過定義全公司範圍的 OKR，你的整個組織將共同致力於實現相同的目標。隨著 OKR 向組織分解，部門、團隊和個人開始負責確保特定 KR 的完成。然而，透過致力於相同的目標，組織中的每個人都有責任互相支援以實現目標。遵循 OKR 流程可提高員工敬業度。

全公司範圍的 OKR 將每個人都拉向同一個方向，成為你團隊的北極星。

9.2
使命與願景的定義與樣例

對於基於使命的組織，成功通常由遠大的願景聲明來定義。但是，在「現實世界」中，將雄心勃勃的使命轉化為日常活動可能會讓人感到害怕，以至於通常只會在牆上或網站上寫下大字。儘管如此，一千英里的旅程還是從幾步開始。OKR 就是這些步驟。

使命是你公司存在的原因。你可以將使命視為公司永恆的總體目標。有無數由 OKRS 推動其崇高使命的知名組織的例子，包括：TED 的使命是「值得傳播的想法」、ONE 的使命是「到 2030 年結束極端貧困和可預防的疾病」、Netflix 的使命是「娛樂世界」、衛格門（Wegmans）的使命是「每一天都是最好的」，凱鵬華盈（Kleiner Perkins）的使命是「創造歷史」。

願景以使命為基礎，考慮到公司目前所在的位置以及希望發展的位置。它為如何完成任務提供了更實際的方向。

以下是一些示例：

公司名	使命	願景
梅賽德斯—賓士集團	「生產人們想要購買，享受駕駛並希望再次購買的汽車和卡車。」	「是高級乘用車的全球領先生產商，也是世界上最大的商用車製造商。」
雀巢	「製作更好的食物，使人們過上更好的生活。」	「為消費者提供安全，高品質的食品，並提供最佳營養以滿足生理需求。」 「除了營養，健康和保健外，雀巢產品還帶給消費者口味和愉悅的重要成分。」
某管理顧問公司	「我們透過對齊策略和執行來幫助企業發展。」	「要成為快速成長的公司的神經系統，在策略和執行之間的回饋循環是即時發生的。本公司允許員工了解策略和管理，以即時觀察執行情況，從而為客戶提供策略優勢。」

9.3
寫下你的第一個目標

在我們開始之前，讓我重申一下，OKR 可能被起草、修改甚至完全重來。因此，雖然從頭開始任何事情都可能令人生畏，但這只是正在進行的過程的一部分。讓我們開始腦力激盪！

▌9.3.1 考慮你的北極星

正如我們所討論的，目標來自你的使命，並受其啟發。使命通常是大家共同努力實現的巨大的事情。目標是實現該使命所需要做的最重要

的事情。它們是你團隊下一個週期的號召力。有人將你最頂級的目標稱為你團隊的「北極星」。

所以，花點時間記下你團隊的北極星。這通常是你可以採取的第一步，也是最大的一步。

參考一下 Allbirds 公司。他們的使命是製造更好、更環保的鞋類。或者，正如他們所說，「以更好的方式製作更好的東西」。為了實現這一目標，他們的最高目標是在其行業中實現最低的碳足跡。

▓9.3.2 收集你的優先事項

為了進行更多的腦力激盪並填寫可能的目標清單，讓我們列出接下來最緊迫的事情。相信身在企業中的管理者都有很多優先事項：股東的期望，公司的中長期策略規劃，都飽含了公司層面需要達成的目標。這些目標是每天追著你跑的。

每當我這樣做時，我都會問自己以下問題：

☑ 我們需要完成的最重要的事情是什麼？

☑ 我們需要開始做什麼或改變什麼？

☑ 成功是什麼樣子的？

▓9.3.3 優先排序

要定義這些目標，請考慮一下，如果一年中你僅能實現三項目標，那將會是什麼？

例子：

☑ 推動更多的追加銷售和交叉銷售

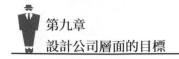

☑ 成為我們行業的思想領袖

☑ 成長快於市場

練習：使用上述問題，集思廣益列出可能的目標。如果你寫了五個以上，現在把它縮小到最重要的三個。

9.4
深入思考：連接目的和利潤

▌9.4.1 重新思考「為什麼」？

現在你有了草擬的目標，我們現在將對你的目標進行特別檢查，以確保它們將目的和利潤連繫起來。

我們完全理解利潤可能是你的主要目標，或者利潤可能根本不是你關心的問題。當我們說「目的和利潤」時，我們將其用作標記，表示所有好的目標都必須包含一個目的和特定的衡量標準，以推動你前進。目標將天上掉餡餅的野心與實際情況相結合。

▌9.4.2 連接到你的目的

最有可能的是，你的公司有一個使命。有時任務只是交給你，你有責任讓它發生。其他時候，你可能需要考慮你的角色或團隊如何在該任務中發揮作用。我們正在談論諸如：

☑ 解決世界飢餓

☑ 製造可以終生使用的產品

☑ 製作威奇托最好的熱狗

甚至是團隊級別的：

☑ 為我們的客戶提供世界一流的客戶服務

要了解你的「為什麼」，請花一些時間思考以下問題：

☑ 為什麼我的角色或團隊存在？

☑ 誰是我的「選民」，我們如何讓他們感受到？

☑ 當我們開始工作時，我對我自己和我的團隊有什麼期望？

☑ 我們向誰匯報，他們向我和我的團隊施加了什麼壓力？

現在，考慮到所有這些想法，請嘗試填寫以下空白：

我們是來 _____ 的。我們這樣做是因為 _____。

如果可以填上這兩處空白，你將對你的「為什麼」或目的有一個很好的、簡單的陳述。

▌9.4.3 維持與成長

通常，我們的目標和目的可能是關於賺錢。業務目標不一定是目標，但它們可以是一組目標中的一個。其他組織，如非營利組織或政府，可能不需要將利潤放在首位和中心，但很可能會有某種收入目標。

關鍵是我們都有「數字目標」，我們需要達到生存。

在考慮目標時，從盈利心態轉變為持續和成長心態會更有用。維持你現在的水準需要什麼？超越你目前的水準需要什麼？

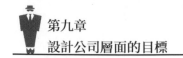

本質上，我們談論的是你組織的模型。清楚地了解你的目的和利潤之間的關係（並且需要在接下來的 90 天內做出改變）將幫助你制定更好、更有效的目標和一系列關鍵結果。

如果你需要一個提示來開始，請嘗試填寫以下空白：

我們透過 ＿＿＿＿＿＿ 來維持自己，以便 ＿＿＿＿＿＿。

▌9.4.3 目的＋利潤

現在這是目標的特殊之處。他們將我們的宗旨目標與我們的利潤目標結合起來。

回到上節課的目標清單，看看你縮小範圍的目標，然後問自己，「這個目標與我們的目標有關嗎？它是否也有助於我們成長和維持？」

如果答案是否定的，請嘗試將缺少的內容注入你的目標中。現在你的年度目標就完整啦！

9.5
公司層面季度目標

一旦確定了使命，願景和年度目標，確定第一季度的目標就非常簡單了。季度目標應與年度目標保持一致，但應更具戰術性。

例如：

- ☑ 提高入門級客戶的追加銷售
- ☑ 獲得媒體報導
- ☑ 提供新的垂直解決方案

9.6
練習：起草並完善你的公司目標

■ 9.6.1 起草公司的年度目標

O1（目標）	
O2（目標）	
O3（目標）	

■ 9.6.2 起草公司的季度目標

O1（目標）	
O2（目標）	
O3（目標）	

第十章

設計公司層面的關鍵結果

10.1
關鍵結果的科學

10.1.1 前往我們的 KR

你已經制定了我們的目標，並著眼於讓它們變得更好。查看目標清單，你可能會想，「這一切都很棒，但我該如何實現這一切？」

這是一個完美的問題。關鍵結果都是關於「如何」的。

關鍵結果是衡量指標和里程碑，表明你知道自己將如何實現我們的目標。

每個目標都有自己的一組關鍵結果，每個目標至少有 3 個，但不超過 5 個。沒有關鍵結果就不能有目標，反之亦然。這就是使這個目標設定系統如此獨特的原因。「重要的是什麼」本質上與測量有關。

請記住，好的關鍵結果有幾個基本特徵：

☑ 它們是具體且有時限的；

☑ 他們雄心萬丈，但現實可行；

☑ 它們是可衡量和可驗證的。

10.1.2 我該如何開始？

首先查看每個單獨的目標並問自己，「為了使這個目標成為現實，在接下來的 90 天內必須改變的三到五個最大的事情是什麼？」

請注意，根據公司的規模，你很可能有 3 個以上的年度目標。但是，請記住，OKR 是重點，不能面面俱到。我們強烈建議你設定 3 ～ 5 個年度目標。關鍵結果應該是具體的和有時限的。例如：

O	成為開發中國家排名第一的免費手機銀行應用程式
KR1	到 7 月，每週註冊量提高 15%
KR2	在 8 月之前推出所有語言的行銷活動
KR3	在 9 月之前在所有國家／地區建立至少一個 ATM 接入點

讓我們考慮一些關於關鍵結果的基本注意事項，以便在你進行腦力激盪時牢記。

10.1.3 目標與關鍵結果相互依存

關鍵結果不是要實現的獨立小目標。他們是實現目標的墊腳石。

因此，如果你可以在不完成關鍵結果的情況下實現目標，那麼你的關鍵結果可能不是正確的里程碑。

如果你覺得自己可以完成所有關鍵結果，但仍未實現目標，情況也是如此。關鍵結果確定了將目標變為現實的基本指標。

看看 Allbirds 公司的這個 OKR，以及所有這些關鍵結果對於使目標成為現實至關重要：

O	在我們的行業中創造最低的碳足跡
KR1	供應鏈和運輸基礎設施 100% 零浪費

KR2	為計算出的二氧化碳排放量支付 100% 的碳補償
KR3	25% 的材料是可堆肥的
KR4	75% 的材料是可生物降解的

■ 10.1.4 進步與成就

好的關鍵結果集不僅僅是簡單的指標。將每個關鍵結果視為自己的標記。就像足球比賽中的一系列失誤一樣，如果我們繼續成功地在場上前進，最終我們會達到目標。

關鍵結果應該衡量你在實現目標的過程中每週取得的進展。你需要設置哪些標記以確保你朝著正確的方向前進？

在這個用於構建跑步十英里的 OKR 中，很容易看到每個關鍵結果如何具體列出衡量指標，以顯示實現目標的正確進度：

O	到 6 月底之前，在 ×× 分鐘內跑完十英里
KR1	每週跑步 3 次，每次至少 30 分鐘
KR2	每週增加 1 英里的跑步距離
KR3	每週將英里速度提高 5 秒

最好的關鍵結果集也能表現成就。它們具體說明了我們正在取得的進展的類型和數量，為自己定義每個關鍵結果的成功。這些成功的總和也應該意味著你成功地實現了你的目標。

■ 10.1.5 正確的關鍵結果需要一些研究

由於關鍵結果是衡量標準,我們將制定具體的目標和數字。通常, 這需要對你的組織有一點「情報」。可能會涉及研究,以便能夠定義可能 的最佳關鍵結果集。

為了設定基準,你需要知道你對標的基準對象是什麼。這可能是你 過去產出的進步,甚至可能超過你的競爭對手設定的基準。

不要害怕花時間深入挖掘並找到在實現目標的道路上真正重要的關 鍵結果。

看看下面來自 Superhuman 公司的 OKR。很明顯,完成這些關鍵結 果需要一些商業情報和多個團隊的合作。

O	將整個 Superhuman 體驗提煉為卓越品質
KR1	到本季度末,年度經常性收入從目前的 Y 美元成長到 X 美元
KR2	手機:將情緒值從目前的 69% 提高到 75%
KR3	電腦:將情緒值從目前的 89% 提高到 92%

來源:Superhuman

◆ 小提示

了解到你使用的指標可能會產生連鎖反應至關重要。例如:2012 年,YouTube 決定將其重點從追蹤觀看次數轉移到追蹤觀看時間。原因 是更長的觀看時間比更多的使用者滿意的觀看次數更好。隨著他們以新 的關注時間更新網站及其演算法,每日觀看次數也隨之增加。然而,關 注觀看次數可能會對觀看時間產生相反的影響。

█10.1.6 更多公司層面 OKR 樣例

下面的例子來自 Coursera，一個專注於高等教育的線上學習平臺。他們的使命是建立一個「任何人、任何地方都可以透過獲得世界上最好的學習體驗來改變他們生活的世界」。此 OKR 明確指出，他們的首要任務之一是吸引新學生，並且他們的所有工作都應朝著該目標努力。

O	將 Coursera 的覆蓋範圍擴大到新學生
KR1	執行 A/B 測試、學習和反覆運算獲取新學生和吸引現有學生的方法
KR2	將行動月活躍使用者（MAU）增加到 15 萬
KR3	創建內部工具來追蹤關鍵成長指標
KR4	啟動功能，使教師能夠創建更具吸引力的影片

來源：COURSERA

下一個例子來自英特爾的「粉碎行動」，這是一項內部活動，旨在解決 1980 年代來自 Motorola 日益激烈的競爭，英特爾贏得了這場戰鬥。它展示了精心起草的 OKR 如何在危機時刻提供清晰的資訊。

O	將 8086 確立為最高性能的 16 位元微處理器系列
KR1	開發並發布五個顯示 8086 系列性能卓越的基準測試
KR2	重新包裝整個 8086 系列產品
KR3	將 8MHz 部件投入生產
KR4	不晚於 6 月 15 日對算術輔助處理器進行採樣

來源：《OKR：做最重要的事》

10.2
OKR 指標：使命與執行之間的橋梁

對於基於使命的組織，成功通常由遠大的願景聲明來定義。但是，在「現實世界」中，將雄心勃勃的使命轉化為日常活動可能會讓人感到害怕，以至於通常只會在牆上或網站上寫下大字。儘管如此，一千英里的旅程還是從幾步開始。OKR 就是這些步驟。

◆ 案例分享：從破產援助到脫貧攻堅

Upsolve（美國一家由哈佛大學畢業生和一名律師創建的非營利組織）是一個大膽的新組織，這家組織為自己分配了一項看似不可能完成的任務：減少貧困。他們著手透過幫助低收入美國人免費申請破產來實現這一目標，這是實現另一個大膽目標的直接舉措：解決他們法律體系內的不平等問題。

無法克服的問題，對吧？Upsolve 的執行長兼聯合創始人羅漢·帕烏魯里（Rohan Pavuluri）表示：「OKR 是實現雄心勃勃的目標的最佳系統，因為它是一種將目標設定得很遠的方法，並想出很棒的方法來實現目標，然後將它們分解為團隊中的個人。」在開發產品後，他們將目標定為成為最大的破產法律援助非營利組織。

Upsolve 在 2019 年幫助了 3,000 人，減輕了 1.3 億美元的債務，並占領了所有免費非營利性破產案件的 30% 的市場。但解決破產問題只是一個開始。視野要大得多。接下來，Upsolve 尋求成為提倡者 —— 制定政

策以減輕破產的根本原因。

正如羅漢所說,「最有效的社會變革組織不是純粹的直接服務,而是介於純粹的直接服務和宣導之間。一個例子是計劃生育。他們開始採取避孕措施。在宣導婦女權利方面,他們已成為美國女性生殖健康領域的領導者。」

高瞻遠矚,Upsolve 的規模和規模不斷擴大,逐漸成為消除貧困過程中具有影響力的提倡者。Upsolve 使用 OKR 為他們的使命設定了一個指標,設定了他們的下一個成長目標:以在 12 個月內減免 10 億美元的債務為目標。「透過制定雄心勃勃的 OKR,你意識到你不能只是優化,你需要提出新的想法來推動成長。」羅漢說。

羅漢表示,「我們已經達到了與其他傳統法律援助非營利組織相當的規模。但 10 億規模的重要性在於,它為你提供了一個平臺,讓你可以就你認為需要改變的不公正現象發表意見。這就是希望。這就是我們傳達原因的方式。」

10.3
OKR 裡的「俄羅斯套娃」

有人提出這樣一個問題:「我的公司最近設定了我們的年度目標,現在正在制定我們部門的 OKR。我知道 OKR 應該每季度設置一次,但是當我們非常清楚我們想要在一年中達到什麼水準時,這真的有必要嗎?與年度目標相比,設定季度目標有什麼好處?」OKR 專家的回覆如下:

OKR 通常以我們喜歡稱之為「嵌套節奏」的方式完成，最好用「俄羅斯套娃」比喻來解釋這些。

將你公司的使命目標或願景視為最大的娃娃。打開它，你會發現一個策略週期（大約 3 ～ 10 年）。接下來是年度週期，最後，最後一個也是最小的娃娃是正常的 OKR 週期，通常持續大約三個月（或一個季度）。儘管每個週期（娃娃）的大小可能不同，但它們都有助於形成更大的整體。

你想知道如此頻繁地設定目標有什麼好處，對嗎？好吧，如果過去的一年教會了我們什麼，那就是事情發生了變化。眾所周知，新的挑戰會在沒有任何警告的情況下頻繁出現（2020 年你一定體會到了），因此對於任何公司來說，能夠迅速而靈活地適應是至關重要的。很有可能一月分設定的目標到十月分就不再適用了。季度 OKR（即最小的娃娃）允許的敏捷性和靈活性是僅靠年度目標無法提供的。

季度 OKR 還鼓勵團隊承擔創新和改變遊戲規則的風險。你為什麼問？讓我給你舉一個非常正式和非常嚴肅的例子。

想像一下，在你 8 歲的時候，你的賣檸檬水的小攤剛剛結束了它最賺錢的一年。數完你罐子裡的所有硬幣後，你發現今年賺了 50 美元！不過，你是一個雄心勃勃的 8 歲孩子，有著遠大的夢想，並決定明年要賺 100 美元。你跟你的媽媽（投資者）和弟弟（下屬）來計算這個數字，他們對你的大膽行為不屑一顧。然而，你已經計算過了，你告訴他們要達到 100 美元，你每週只需要比去年多賣大約 4 杯檸檬水。每週增加一些額外的銷售額聽起來比那個可怕的 100 美元數字要合理得多，不是嗎？突然間，每個人都加入了，你就擁有了一支積極進取的員工團隊！

撇開隱喻不談，設置季度 OKR 可以讓即使是最崇高的抱負也可以立即

實現。如果你的團隊或管理層知道他們有能力每季度（或每週／每月）而不
是每年評估和評估進度，他們將更願意投資於更大、更雄心勃勃的事業。

這是否意味著你不應該設定年度目標？絕對不！我們鼓勵團隊設定
他們的年度目標並使其可見。它們應作為年度的廣泛框架或指導，並應
激發你的季度 OKR。回到檸檬水攤，每個人都知道每年的目標是賺 100
美元，但當前的重點是每週多賣 4 杯檸檬水。

歸根結底，公司採用 OKR 的方式有很多種 —— 都是為了找到最適
合你和你的團隊的方法。我們發現「嵌套節奏」模型對各式各樣的檸檬
水攤非常有益，希望它也適合你。

10.4
OKR 並非「一切照舊」

OKR 描述了我們想要去的地方，而不是我們目前所處的位置。

在確保你的目標不是「一切照舊」時，請考慮此示例。

軟體公司的行銷團隊負責為其銷售團隊提供新的潛在客戶。在考慮
可能的目標時，行銷總監記下了以下可能的目標：

- ☑ 定期與銷售總監核對。
- ☑ 定義獲得潛在客戶的最佳流程。
- ☑ 每季度增加我們的網站流量。
- ☑ 讓銷售和業務發展就轉化率達成一致。

再看一遍後，不太清楚這些目標如何描述有意義的變化。換句話說，這四個目標描述了「一切照舊」——與她的團隊在任何一天發生的事情沒有什麼不同。

隨著她的精煉，她達成了以下目標：

☑ 重構網站，專注於將「使用者」轉化為潛在客戶。

☑ 制定一個內容行銷計畫，使我們的部落格流量翻倍。

☑ 與銷售總監共同制定潛在客戶轉換計畫。

有了這些目標，行銷總監超越了她所在組織目前正在發生的事情，並描述了她希望看到的變化以及她希望完成的事情。有了這種清晰度，她應該能夠輕鬆找到一些可以使這些目標成為現實的關鍵結果，同時也讓她的團隊清楚接下來需要發生什麼。

10.5
練習：規劃你的公司層面 OKR

10.5.1 定義公司年度目標

O（目標）	
KR（關鍵結果）	

O（目標）	
KR（關鍵結果）	
O（目標）	
KR（關鍵結果）	

■ 10.5.2 定義公司下季度目標

O（目標）	
KR（關鍵結果）	
O（目標）	
KR（關鍵結果）	
O（目標）	
KR（關鍵結果）	

第十一章

不同類別 OKR 之間的平衡

除了簡單之外，OKR 還具有令人難以置信的多功能性。因此也衍生出 OKR 不同維度的分類。

本章除了深入討論這些不同維度的分類，更重要的，將討論如何平衡各種類別的 OKR 以達到最佳效果。

掌握了這些撰寫 OKR 的不同維度，你的 OKR 就可以更加全面立體，更加有效。

11.1
投入型 vs 產出型 vs 結果型

■ 11.1.1 三類關鍵結果

你的關鍵結果通常屬於以下三個類別之一：投入、產出和結果。（投入又稱為輸入，產出又稱為輸出）

如果能夠以這些方式中的每一種來思考關鍵結果，然後選擇最適合你當前需求的方法。這將有助於確保你準確描述你希望看到的變化類型 —— 實現目標的最佳基準。

◆ 投入型（輸入型）

投入型 KR 是為實現目標而需要完成的特定任務和活動。開設的商店數量、重新開機公司網站、減輕製造元件的重量 —— 這些都是輸入。

示例 1：為了使我們的候選人當選，起碼登門 10,000 家為她拉票

示例 2：測試三個行銷活動以更新我們服務的訂閱者。

同樣，如果你的目標是成為世界頂級鞋履品牌，那麼 KR 的投入可能是在年底前開設 50 家新店、推出 10 款新鞋款或重新設計公司網站。

投入是公司及其員工可以直接控制的東西。亞馬遜執行長傑夫·貝佐斯（Jeff Bezos）是專注於投入型的大力支持者。貝佐斯在 2009 年給股東的一封信中寫道：「我們相信，將精力集中在我們業務的可控投入上是隨著時間的推移實現財務產出最大化的最有效方式。」最終，他認為正確的投入組合應該轉化為預期的結果。

由於員工可以直接控制投入型，所以經常看到自下而上的 OKR 包含有更多的投入型 KR。

◆ 產出型（輸出型）

產出是投入的效果。增加銷售收入、達到績效基準或吸引一定數量的與會者參加會議 —— 這些都是產出。例如：如果你的目標是成為世界頂級鞋履品牌，則產出型 KR 可能包括在本季度末將銷售額增加 30%、將社群媒體關注者增加 50% 或將市場占有率增加 40%。其他例子：

示例 1：為了使我們的候選人當選，獲得 20,000 人承諾投票給她。

示例 2：實現超過 63% 的訂閱者續訂率。

OKR 之父和前英特爾執行長安迪·葛洛夫將期望的產出視為 OKR 的衡量標準。你要麼達成了他們，要麼沒有達成。「強調產出是提高生產力的關鍵。」葛洛夫寫道。

透過提供工作的終點，產出型讓員工明確知道他們的工作應該產生什麼結果。由於產出型 KR 的指導性質，大多數公司級 OKR 都以產出型占大頭。

◆結果型

結果是一種更高級的思考輸出的方式。輸出往往描述所需的最終結果本身。結果通常比輸入或輸出更清楚地強調「之前」和「之後」。

為澄清起見，讓我們從投入、產出或結果的角度來看兩個示例目標和潛在的關鍵結果。

目標：讓我們的候選人當選。

投入型關鍵結果：志願者必須敲至少 10,000 扇門。

產出型關鍵結果：讓 20,000 人承諾投票給我們的候選人。

結果型關鍵結果：我們的候選人比上次選舉贏得了更多的選區。

目標：客戶重視我們的服務。

投入型關鍵結果：運行三個旨在續訂的行銷活動。

產出型關鍵結果：實現 67% 的續訂率。

結果型關鍵結果：續訂率提升 10%。

結果通常比產出更複雜。一個好的結果比輸入或輸出更直接地解決你正在解決的潛在挑戰。這就是為什麼他們可以如此強大。

示例 1：一家醫院希望在骨科手術方面享有該地區最好的聲譽，因此將結果型 KR 設置為「完成最多的膝關節手術」。但是，如果他們希望這種聲譽建立在產生最佳結果的基礎上，更強大的結果關鍵結果可能是「最高比例的病人手術後可以立即走路」。

示例 2：矽谷獨角獸 Superhuman 公司在意識到 30 天後活躍使用者的生命週期價值呈指數級成長後，使用高級產出來提高保留率。將他們的保留率目標從產出重新制定為結果（「幫助客戶度過前 30 天」）激發了產品開發和無與倫比的入職流程，這些流程推動了他們的成功。

■11.1.2 為什麼你應該三者兼用

沒有完美的「一刀切」公式來確定你的 OKR 是否應該全部是投入、產出或結果。產出型和結果型讓你知道你想去哪裡，但最終它們是你無法控制的。雖然投入型是可控的，但它們本身並不總是導致結果。投入需要一些努力方向。

我們都有「最喜歡的」類型的 KR。但是，你將這三者都寫得越好，了解每種類型的 KR 如何運作和激勵員工，你就能夠編寫更強大的 OKR。

11.2
承諾型 vs 期望型 vs 學習型

OKR 有另外兩種主要類型的目標：承諾的，以及期望的。另外還有一種不太常見的學習型。它們都有不同的目的，需要用不同的方式來閱讀、解釋和實施。

■11.2.1 承諾型 OKR

承諾 OKR 就是目標設定的承諾。它們是個人、團隊或組織已經同意要實現的事情。應該調整資源和時間表，以確保它們得到完成。在評分時，承諾的 OKR 的預期分數是 1.0。較低的分數需要討論，因為它代表了在計畫和執行中需要調整或改進的空間。

承諾的 OKR 可以包括保證服務滿足本季度的 SLA（服務水準協定）；或在設定日期前改進基礎設施系統。但是，OKR 是一段時間內的重中之重，而不是一個全面的待辦事項清單。

當滿足承諾的 OKR，並且團隊對關鍵結果已成為「一切照舊」感到滿意時，它可能不再是團隊的 OKR。或者，他們可能會選擇將其擴展為最重要的事情。

Mozilla 基金會發布了這個承諾的 OKR：

O（目標）	透過提高捐贈者的參與度，使收入成長和多樣化。
KR（關鍵結果）	<ul><li>不受限制的捐款成長 25%，基線為 270 萬美元，目標為 337.5 萬美元。</li><li>舉辦 12 次活動，以培養主要捐贈者和基金會的前景，基準線為 2 次，目標為 12 次。</li><li>增加 30,000 名高度參與的使用者，其中 2.5% 成為新的或重新參與的捐贈者，基線為 60,000，目標為 90,000。</li></ul>

更妙的是，這個關於多樣化和覆蓋面的 OKR 非常符合 Mozilla 基金會的使命宣言，即「我們的使命是確保互聯網是一個全球公共資源，向所有人開放和提供。一個真正以人為本的互聯網，在這裡，個人可以塑造自己的經驗，並被賦予權力、安全和獨立」。

▓ 11.2.2 期待型 OKR

而期望 OKR 是我們希望的世界的樣子。它們有時被稱為 10 倍目標或「登月計畫」。賴利・佩吉（Larry Page）對這一觀點做了最好的概括，他說：「如果你設定了一個瘋狂的、雄心勃勃的目標，並且錯過了它，你仍然會取得一些了不起的成就。」有了雄心勃勃的 OKR，就沒有明確的實現路徑，也不知道需要什麼資源。他們也可能從一個季度滾動到另

一個季度，或一年到一年。有時，他們甚至可能被重新分配到不同的團隊。一個期望 OKR 的預期平均得分是 0.7，但有很大的差異空間。一個期望 OKR 更具有流動性，但仍然專注於一個方向。

雄心勃勃的目標可以是具有難以想像的業務成果的延伸目標。如上所述，無論需要多久時間，他們都應該留在團隊的 OKR 列表中，直到完成。

明尼蘇達州就業和經濟發展部（DEED），其「使命是為每個人增強明尼蘇達州經濟成長的能力」，公布了這個期望 OKR：

O（目標）	減少有就業障礙的族群所面臨的差異。
KR（關鍵結果）	• 將 DEED 幫助安排工作的有色人種的平均起始時薪提高 2 美元。 • 為 DEED 的每一個專案建立一個獨特的「公平目標」，重點是減少基於種族、能力水準或地理的差異性。

資料來源：明尼蘇達州就業和經濟發展部（DEED）

這個 OKR 完美地囊括了期望 OKR 的核心原則。它不僅是我們希望的世界的樣子，而且還可能從一個季度到另一個季度，或從一年到另一年持續滾動。

11.2.3 學習型 OKR

學習 OKR 是證明假設的探索或實驗。

學習型 OKR 的期望是在 90 天結束時報告發現或證明或反駁該假設。它們最適合投入和產出可能尚不清楚的早期想法，但該想法仍然被認為是追求的首要任務。編寫成功的學習型 OKR 的關鍵是確定哪些資訊可以為你提供有關如何前進甚至制定下一組 OKR 的情報。例如多鄰國教育軟體的 OKR 為：

O	讓故事成為最好的產品
KR1	與 ×× 個使用者交談
KR2	了解他們的最大痛點
KR3	製作分析客戶痛點的文檔

來源：多鄰國（DUOLINGO）

■ 11.2.4 如何三者兼顧？

比爾和梅琳達蓋茲基金會的前執行長派翠西亞‧史東西弗（Patty Stonesifer）對承諾性和期望性的 OKR 有這樣的看法。她說道：「除非你設定一個真正的大目標，比如在世界各地為每個孩子接種疫苗，不然你無法找出哪個抓手或抓手組合是最重要的。我們的年度策略審查始於：『這裡的目標是什麼？是根除還是擴大疫苗的覆蓋面？』然後我們就可以更實際地處理我們的關鍵結果……你需要這些關鍵結果來調整你的日常活動，並且隨著時間的推移，你不斷地改動它們，以便更加雄心勃勃地實現那個真正的大目標。」

那麼，在創建理想的 OKR 時，有哪些事情需要注意？首先，也是最重要的，要確保你的 OKR 在撰寫時被明確定義為承諾的、期望的或者學習型的。就像普通的 OKR 一樣，透明度是關鍵。將一個承諾的 OKR 標記為期望的，會增加其失敗的機會。將一個有抱負的 OKR 標記為承諾，會傳播防禦性，並可能擾亂團隊和個人的工作流程。正如 What Matters 的聯合創始人萊恩‧潘查薩拉姆（Ryan Panchadsaram）所分享的，「你可以寫任何你想要的目標和任何關鍵結果，關鍵是不要做沙袋，不要不切實際。如果它確實無法實現，我認為你絕對會讓自己陷入失敗的境地。但還是要讓它成為一種挑戰。」

例如：如果一個表現不佳的足球隊設定了一個贏得世界盃的目標，這是不現實的，那麼仍然可以設定一個積極的、有伸縮性的目標，比如贏得一個地區冠軍。

11.3
數量型與品質型的 OKR

數量和品質的關鍵結果配對可以加強 OKR。在「衡量什麼重要」中，約翰‧杜爾透過福特平托臭名昭著的故事警告了單一維度 OKR 的危害。

福特於 1971 年推出了預算友好車型平托（Pinto），以應對來自日本和德國汽車製造商不斷升級的競爭。他們對該專案的指導性指標是使新模型的價格低於 2,000 英鎊，價格低於 2,000 美元。他們在設計和行銷中都強調了它的小尺寸、成本和外觀。

缺少一件事？安全。

在一次碰撞測試中，工程師發現一塊 1 美元的塑膠可以防止刺穿油箱，但由於額外的成本和重量，它最終被報廢。在數百人死亡和數千人受傷之後，福特於 1978 年不得不召回了 150 萬輛平托和水星品牌的山貓。

杜爾寫道，「OKR 越雄心勃勃，忽視重要標準的風險就越大」。就福特平托而言，製造商應該將其雄心勃勃且數量眾多的指標與考慮安全性、公司聲譽和道德行為的指標結合起來。

◆ **數量型與品質型配對 OKR 示例**

O（目標）	銷售額比上一季度成長 50%。
KR（關鍵結果）	• 產生 1000 萬美元的銷售額。 • 至少 10%的銷售額必須來自回頭客。 • 達到 95%的客戶滿意度。 • 每月為銷售團隊提供培訓。
O（目標）	到第三季度啟動行動 APP 更新。
KR（關鍵結果）	• 設計和構建三個新功能。 • 在品質保證測試中，每個功能的錯誤少於 2 個。 • 應用商店的評級平均 4 星。 • 在應用商店排行榜的健康和健身類別中獲得前 100 名的位置。
O（目標）	完善優化公司網站。
KR（關鍵結果）	• 重新設計網站的視覺效果和布局。 • 載入速度提高 20%。 • 每月訪問量達到 100 萬。 • 將平均存取時間增加 20%。

11.4
領先型與滯後型 OKR

11.4.1 領先指標，而不是滯後

還記得上一課中的投票示例嗎？當我們將投票數視為關鍵結果時，我們意識到政治競選運動的投票數實際上是滯後指標。當我們知道投票

數時，改變路線為時已晚，這可能有助於我們消除它作為選舉候選人目標的關鍵結果。

在考慮關鍵結果時，尋找可以衡量的領先指標。如果你選擇領先指標，你將在出現問題時收到預警信號。這使你和你的團隊能夠在整個過程中保持敏捷和改變，而不是僅在 90 天週期結束時進行改變。

■11.4.2 案例分享：Superhuman 公司尋找領先型指標

2016 年，Superhuman 公司是一家由 14 人組成的初創公司，正在努力推出其第一款產品，這是一款面向電子郵件高級使用者的應用程式，可為 Gmail 疊加一個更快、更高效的介面。創始人兼執行長拉胡爾·沃拉（Rahul Vohra）正在尋求難以捉摸的「產品／市場契合度」，然而，業務發展得並不順利，「產品／市場契合度」也沒有發生。

為了解決這種問題，沃拉求助於目標和關鍵結果（OKR）系統。事實證明，產品／市場契合度是一個滯後指標。Superhuman 公司需要的是一個領先指標。

靈感來自西恩·艾利斯（Sean Ellis），他所做的是轉向使用者，簡單地問他們：「如果你不能再使用這個產品，你會有什麼感覺？」關鍵是衡量和追蹤他們中有多少人回答「非常失望」。艾利斯調查了近 100 家初創公司，發現了一個神奇的門檻：40%。未能實現產品／市場匹配的公司排名低於該數字，而那些成功的公司排名更高。

Superhuman 公司針對使用者發布了這個調查，更深入地研究了資料。透過對回覆進行細分並提出更有針對性的解決方案。透過引入 Superhuman 公司行動 APP 並圍繞速度優化產品，黃金 OKR 躍升。簡言之，「產品／市場契合度」結果正在實現，從而以更高的估值再次獲得 3,300 萬美元的風險投資。

關於 Superhuman 公司的詳細內容請看本書「22.6 使用 OKR 尋找神奇指標」。

11.5
保持、遞增和跳躍

你是否知道你可以透過關鍵結果幫助指導團隊的精力和策略？每個關鍵結果代表三種進展中的一種：保持、增加或飛躍。

◆ 保持

保持告訴你的團隊你希望他們保持。也許你正處於危機之中，當務之急是簡單地維持你的營運。然後，你可能會說出要保持的關鍵結果。這會告訴你的團隊使用與他們目前正在使用的相同或相似的策略。

◆ 增量

增量告訴你的團隊你希望他們從今天的位置改變一定的數量。也許你想招聘比上個季度多 30％的網路開發人員，並且你將關鍵結果表述為漸進式變革。這會告訴你的團隊他們需要調整他們正在做的事情以增加結果。

◆ 飛躍

飛躍告訴你的團隊，你希望他們跳到一個全新的狀態，而不是你現在所處的狀態。也許你正試圖將碳排放量減少 100％。當然，這是一個飛躍，但它告訴你的團隊需要實施新的創新策略才能取得成功。

思考：你的關鍵結果測量要求保持、增加還是跳躍？這些保持、增加或跳躍是否準確地描述了你希望你的團隊採用的戰術類型？

11.6
OKR 應該持續多久

我們已經看到一些目標持續了多年，關鍵結果會根據團隊的雄心進行調整。例如：在書中，Google 瀏覽器團隊的目標是打造下一代網路瀏覽器，他們將 2008 年的關鍵成果設定為每日活躍使用者達到 2,000 萬。他們年復一年地保持目標，但在 2009 年將 KR 提高到 5,000 萬，然後在 2010 年提高到 1 億。

當你按季度運行 OKR 週期時，你每三個月就有一次機會調整、改進或停止追求目標及其關鍵結果。在某些情況下，你會很快（例如幾週）意識到目標或關鍵結果是錯誤的，需要更改。

只要該目標仍然有意義，仍然在你優先事項的前三位中，你就應該在 OKR 中保留它。

第十二章

設計個人層面的 OKR

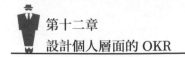
　　至此，你已經完成了很大一部分工作。你已經設定了公司的使命和願景。你還為公司定義了年度和季度 OKR。現在剩下的就是看你的團隊將如何幫助你的公司實現其目標。

12.1
個人層面的 OKR 的設計要求和流程

　　個人層面的目標和關鍵結果的設計過程與技術要求，與公司層面的方法是一樣的。可以參考第十章的方法進行設計。

　　與公司層面 OKR 不同的是，團隊和個人的目標設置更多地是個雙向參與的過程：公司當然會將整體目標分解給團隊和個人，員工也會有自己的傾向和優先順序別。雙方需要討論磨合，才能最終確定彼此都欣然接受的 OKR。

12.2
個人層面的 OKR 從哪裡來

　　從本環節起，OKR 的設置需要每個員工的參與：他需要起草自己職位的 OKR。對於有些初出校門完全沒有 OKR 經驗的年輕員工來說，甚

至對於很多初任管理職位的主管來說，困擾他們的第一個問題就是，這個非常抽象的 OKR 從何而來？

如果大家還記得上一章的內容，設計的第一步要進行腦力激盪的時候，列出自己職位的「北極星」和的優先事項。以下有數個常見的來源可供參考。

12.2.1 部門或者團隊的 OKR

參照 12.1 的思路和方法，可以將部門或者團隊的目標分解為職位或者個人的目標。事實上這是用的最多的一個方法。採用這種分解方法可以保證公司－團隊－個人三個層面的責、權、績、利高度一致。具體分解方法可以參考第十三章，現在腦力激盪階段，可以先簡單地從上級組織的 OKR 中，挑選與自己職位直接相關的，作為備選項之一。

12.2.2 職位的核心職責

很多職位的職責本身就含有非常直接清晰目的，但是 OKR 並非直接照抄職位職責，而是提出更具挑戰性的目標，OKR 的目標從來不應該讓員工覺得「舒服」，而應該激勵他們去創造奇蹟！設計時可從「超越」、「增量」、「發現」等角度發掘一下，或者從「多快好省」角度分析提取一下，例如：

☑ 產品設計職位：加快年度新品開發（多）；產品設計按時完成（快）；透過評審委員會審核（好）；控制產品設計平均成本（省）；

☑ 市場行銷：開發新客戶比例（多）；改善新業務使用者經驗（好）；促銷活動按時完成（快）；行銷費用預算達成（省）等。

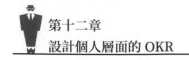

▉ 12.2.3 年度／季度重點工作

企業總是有很多階段性的重點工作專案，或者策略規劃。從中也可以提取很多目標，例如：

☑ 庫存管理：減少不動款庫存；減少面輔料庫存；減少配飾庫存等。

有的時候此類工作專案並非直接下達到某個職位，而是整個公司或者團隊共擔的。那麼具體職位的負責領域各自不同，但是都可以提取出各自的目的。例如：

☑ 成本控制：生產職位降低生產成本，採購職位降低採購成本，職能部門和管理層降低管理成本，售後服務職位降低維修成本等。

還有一種工作專案雖然也是整個公司或者團隊共擔的，但是具體職位的發力點不同，需要根據各自的側重點提取相應的目的。例如：

☑ 整個公司本年度的工作任務是提升客戶滿意程度，那麼具體到每個職位，售前職位可能需要加強售前資訊溝通，生產職位可能需要提高生產品質，交付職位需要提高及時交付能力，售後團隊可能要加強售後服務品質等。

▉ 12.2.4 員工個人發展規劃

OKR 是一種能夠激發員工靈感與熱情的體系，它不僅包括了「公司要我做什麼」，也包括了「員工自己想做什麼」。尤其是與個人職業發展和素養提升相關的內容。例如：

O（目標）	**提高你的溝通和指導技能** 開發世界一流的產品並不是一個單打獨鬥的計畫。成功的工程師知道與同行，產品團隊和其他業務部門合作的重要性。

◆小提示

　　O（目標）本身是一個直接的短句，例如上面目標中的「提高你的溝通和指導技能」。但是為了讓員工和其他同事更好地理解為什麼將此設為目標，有時會增加一行說明，如上文中的「開發世界一流的產品並不是一個單打獨鬥的計畫。成功的工程師知道與同行、產品團隊和其他業務部門合作的重要性」。這並非必須，只是一個備選項，可以視需求添加。

12.3
初步設計個人層面的 OKR

　　從以上各個角度發掘了優先事項後，按照第十章介紹的方法進行刪減，只留下三個目標，並為這三個目標配上相應的關鍵結果。

12.4
參照樣例庫設計個人層面的 OKR

12.4.1 樣例庫使用說明

如果按照上個章節的指點來自行起草依然有困難，另一個選項是參照市場上常見職位的 OKR 樣例，以期啟發靈感，完成終稿。為此，我們搜集了市場上常見的十幾個常見部門中，幾十個常見的職位所適用的 OKR 供參考，具體各個職位的 OKR 樣例請見附件二。

◆ 小提示

本樣例庫呈現的是多樣化資訊來源的集錦，而非設計解構後的單一公司的 OKR 結果。以此做參考時候不建議全盤照抄。更建議以此啟發靈感，而自行完成整個公司的 OKR 體系設計工作。出於行業習慣，文中大量指標和術語以英文縮寫呈現。編譯時盡量兼顧了行業習慣和理解便利，基本保留了英文縮寫，但括弧裡用中文加以解釋。

請在附錄二中勾選適合你部門典型職位的目標，建議每個職位不超過 3 個；每一個目標下，請勾選適合的關鍵結果，建議每個目標 3 ～ 5 個。如果以下樣例不適合你的情況，並根據自由發揮補上你公司特有的目標和關鍵結果。

12.4.2 財務部 OKR 樣例

◆ 財務長（CFO）

O（目標）	增加對財務預測的信心 根據 CFO 連結社區成員的說法，更好的預測是 CFO 的首要目標。讓我們集中精力提高對預測的信心。
KR（關鍵結果）	• 設定合理的預測節奏（即每月，每季度，每年），並在接下來的 12 個月中堅持使用。 • 完成準確的預測：根據結果超出預測的 ××%以內進行衡量。 • 確定整個組織的 ×× 個關鍵成長抓手並與公司共用。
O（目標）	瞄準即時資料 諸如每月結帳之類的過程意味著財務團隊可能會在這兩個結點之間處於盲目狀態。我們是否可以立即獲取所需的資料，而毋須等待更新？
KR（關鍵結果）	• 更新我們 ××%以上的支出方式，以便在本季度為我們提供即時資料，並在年底之前為我們提供 ××%的資料。 • 在本季度末實施儀表板軟體。 • 今年實施收入確認工具，以確保我們擁有最新的指標，即月度經常性收入（MRR），年度經常性收入（ARR）等。
O（目標）	減少摩擦 摩擦源於不斷騷擾其他團隊的需求，以及我們財務團隊的大部分時間都浪費在資料登錄和其他手動流程上。讓我們找到使流程自動化並減少總體摩擦的方法。
KR（關鍵結果）	• 確定目前導致發生摩擦的 ×× 個關鍵領域（即費用，採購，收據等）。 • 確定 ×× 個可以自動化的流程並將其自動化。 • 到今年年底，將 ××%的紙質流程轉換為數位流程。

O（目標）	**改善現金管理** 無論我們公司的財務狀況如何，扎實地掌握我們的現金管理都非常重要。這個季度或今年，讓我們集中精力改善現金管理。
KR（關鍵結果）	• 圍繞現金流制定危機管理計畫。 • 確定並列出我們 ××% 的主要供應商，並與他們保持聯絡（即租金，伺服器，庫存等）。 • 確定 ×× 個短期優勢（即鎖定好交易，重新協商壞交易）。
O（目標）	**制定策略計畫和預算以實現目標** 讓我們透過制定一項計畫，確保每支團隊達到和超過目標的計畫來確保明年成功。
KR（關鍵結果）	• 在 × 月 × 日之前收集某某級別高管、創始人和董事會的意見。 • 在 × 月 × 日之前與銷售部討論預訂和收入目標並確認每月銷售目標。 • 在 × 月 × 日之前與行銷部討論並確認潛在線索目標。 • 在 × 月 × 日之前與 HR 討論並確認招聘目標。 • 在 × 月 × 日之前獲得董事會對計畫和預算的批准。
O（目標）	**建立並領導世界一流的財務團隊** 建立一支合作有效的財務團隊，並為團隊中的每個人提供持續的指導機會。
KR（關鍵結果）	• 招聘經驗豐富的領導者擔任 ×× 個職能職位。 • 僱用 ×× 位表現出色的個人貢獻者。 • 確保在所有1:1和團隊會議中的會議評分均達到 ××% 或更高。 • 為團隊中的每個成員設置至少 ×× 個專業發展目標。
O（目標）	**向團隊提供快速、真實的報表** 當世界變化時，世界上最好的計畫也會被擊敗。讓我們確保我們的團隊在財務結果發生時保持與時俱進，以便團隊可以根據需要進行調整。

KR（關鍵結果）	• 將每月結帳的時間減少 ××%。 • 將 ××%的費用報銷移至數字提交。 • ××%每月更新在每月的 7 號按時發送。
O（目標）	**提高你的管理技能** 優秀的管理人員可以保持團隊敬業度、高績效並留住人才。即使你已經是一位出色的經理，也總有改進的餘地。讓我們齊心協力，繼續傾聽，學習和發展我們的管理技能，並建立一種分享和對回饋採取行動的文化。
KR（關鍵結果）	• 每月向每個直接下屬至少提供 ×× 條可行的回饋意見。 • 每月從每個直接下屬處至少獲得 ×× 條可行的回饋意見。 • 每月同每個直接下屬至少要進行一次職業對話。 • 本季度與一位管理教練／導帥會面。 • 在季度末根據員工的回饋採取行動並與團隊一起檢查你的進度。

12.5
練習：起草所有職位的 OKR

請閱讀本書附件二裡相應職位的 OKR 樣例，根據上面章節介紹的方法，撰寫出本公司各個職位的 OKR：

O1（目標 1）	
KR（關鍵結果）	1. 2. 3.

O2（目標 2）	
KR（關鍵結果）	1. 2. 3.

O3（目標 3）	
KR（關鍵結果）	1. 2. 3.

第十三章

OKR 的協調對齊

13.1
組織中的目標一致性

　　你已經起草了將在下個季度甚至明年指導你的公司的頂級 OKR，各個職位也都起草了自己的 OKR。但是 OKR 並不意味著各自自成一體地編寫或使用。OKR 目標設定系統不僅僅是目標追蹤，它還使組織從公司層面一直到個人層面的目標保持一致。如果不保持一致，不同的部門和員工可能會因為牽涉太多不同的方向而削弱他們努力的影響。

　　自上而下的分解目標將有助於使整個公司的各個團隊和個人員工朝著相同的總體目標努力，使公司能夠透過共同前進來最大限度地提高績效。事實上，分解過程也可以和各個職位的 OKR 起草過程合一。

　　具體如何分解並保持對齊呢？我們來看看協調對齊方式。我們透過兩種不同類型的對齊方式來看待 OKR：明確的（或者稱為顯式的）和定向性的。

13.1.1 顯式對齊

　　顯式對齊是指你被給予了一個關鍵結果作為目標。我們也稱這種「繼承」為目標。

　　當談到顯式對齊時，你將採用一個可衡量的基準並將其用作你的目標，然後製作一組關鍵結果來支持它。

　　顯式的一致性往往是一種更「剛性」的一致性，當組織想要集中注意力或正在應對危機時，它會很有效。

對於透過網路提供軟體服務的 SaaS 團隊而言，最高級（公司級）OKR 是：

O	透過每月獲得 5,000 個軟體訂閱來達到有意義的規模
KR1	透過技術和非技術 SEO 達到每月 10 萬網站訪問者
KR2	根據所有網站流量，改進漏斗以實現每月 5,000 次訂閱
KR3	擴展產品和流程以支援每月 5,000 次訂閱
KR4	NPS（淨推薦值）高於 90

以上面的例子為例，該公司的行銷團隊根據 KR4 制定了一組 OKR：

O	擴展流程、產品和內容以支援每月 5,000 次訂閱
KR1	建議幫助文章來減少 50%的速度問題
KR2	提供足夠的激進回饋以改進產品
KR3	生產只需要再僱傭一名內容製作人的產品
KR4	擴展客戶支援流程，使現有容量翻倍

13.1.2 方向對齊

定向對齊是指你使用組織中其他地方的 OKR 作為制定你自己的個人或團隊 OKR 的指南。

定向對齊往往是更柔性更「流動」的對齊，當組織希望授權其團隊利用他們的創造力和專業知識來實現組織 OKR 時，它會很有效。

同樣是上面那家公司的例子，業務發展團隊可能提出以下定向性對齊的 OKR：

O	查找 1～3 個額外的獲取管道
KR1	使用短影音進行實驗、持續地贏媒體推廣、看板等
KR2	與 10 家服務提供者建立合作夥伴關係,這些服務提供者將我們的產品推薦給潛在客戶

13.2
自上而下分解的 OKR

雖然本章節側重於自上而下的 OKR,但重要的是要注意,健康的組織應該致力於在自上而下和自下而上的目標之間取得平衡。

通常,當組織處於危機中或優先考慮非常具體的目標時,強調自上而下的 OKR 很有用。另一方面,當組織想要鼓勵創新時,應該使用自下而上的 OKR。

自上而下的 OKR 為組織提供精確和清晰的資訊,以實現其最大膽的目標。

13.2.1 案例分享:英特爾用 OKR 擊敗生存威脅

在《OKR:做最重要的事》一書中,講述了英特爾前微電腦系統部門副總裁比爾‧達維多(Bill Davidow)如何在他們稱為「粉碎行動」的活動中使用自上而下的方法來擊敗生存威脅。在 1970 年代後期,英特爾面臨來自 Motorola 的激烈競爭,Motorola 正在製造更快、更易於使用

的微處理器。第一個注意到威脅的人是區域銷售經理唐‧巴克奧（Don Buckout）。他將此事提交給管理層，他們聽取了意見並迅速採取了行動。他們制定了一個詳細的計畫，並將他們的 OKR 分解到整個公司。

僅用了 4 週時間就完全重新啟動了公司的優先事項。英特爾從工程團隊到行銷部門的每個人都知道他們必須做什麼以及為什麼要這樣做。到 1980 年底，英特爾重新奪回了市場領導者的地位。

▌13.2.2 從上到下分解的流程

分解流程的工作原理如下：高級 OKR 向下流向部門負責人、經理和個別員工，他們從組織中的上級接受負責特定的關鍵結果，然後他們決定實現這些目標的最佳方式。儘管分解 OKR 是由上層驅動的，但從下層進行一些輸入是至關重要的。那些更接近戰壕的人會更好地了解如何使高管的目標成為現實。

在實踐中，這看起來像是一個季度會議，由公司高管制定的頂級 OKR 被介紹給整個公司。從那裡，部門經理根據公司的頂級目標編寫自己的 OKR。他們將高管團隊決定的關鍵結果作為他們的目標。然後每個部門的成員根據主管的目標編寫他們的 OKR。為了從下面獲得輸入，杜爾建議應允許所有員工編寫自己的關鍵結果。

▌13.2.3 自上而下的 OKR 分解示例

假設一家電動汽車經銷商的所有者和總經理制定了以下全公司 OKR：

O	成為該地區領先的電動汽車經銷商
KR1	占該地區全電動汽車銷量的 60%

115

KR2	客戶對服務和維護操作的滿意度達到 90%
KR3	將品牌知名度提高 50%
KR4	研究和實施客戶關係管理軟體
KR5	年底前開設第二家分店

這些關鍵結果會向下傳遞到銷售、服務和行銷經理和主管作為目標。經銷商的銷售經理負責與銷售相關的關鍵結果，而行銷經理負責提高品牌知名度等等。然後他們製作新的相應關鍵結果和額外的 OKR。

銷售經理如何將關鍵結果轉換為自己的 OKR：

O	占該地區全電動汽車銷量的 60%
KR1	僱用 2 名新的銷售人員
KR2	汽車銷量比去年增加 55%
KR3	銷售收入比去年增加 40%
KR4	實行月度促銷
KR5	為所有銷售人員實施季度培訓課程

相應地，銷售助理將經理的一項關鍵成果轉化為他們個人的 OKR 之一：

O	汽車銷量比去年增加 55%
KR1	每月與至少 50 個潛在客戶交談
KR2	每月成功完成至少 12 單銷售

13.3
自下而上分解的 OKR

自上而下分解目標確實可以對齊團隊，但過度對齊會扼殺創造力和個人動力。組織需要在集體承諾和創作自由之間找到平衡。這就是自下而上的 OKR 的用武之地。

由於 OKR 在整個組織中是透明的，因此它們不必都嚴格按照組織結構圖逐層向下傳遞。OKR 可以跳過一些層級以提高效率，從 CEO 直接到經理或個人貢獻者。

13.3.1 案例分享：Google「20%時間」規則

在像 Google 這樣的組織中，管理層和雇主之間建立了足夠的信任，公司高層可以一次性提交公司高層 OKR，組織的其他成員可以自由設置自己的 OKR。使用這種方法，個人不必花時間等待組織圖中位於他們之上的層首先設置他們的 OKR。

前 Google 人力資源主管拉茲洛・博克（Laszlo Bock）在他的書《工作規則！》（*Work Rules!*）中解釋了這是如何運作的。「我們有一種基於市場的方法，隨著時間的推移，我們的目標都會趨於一致，因為頂級 OKR 是已知的，而其他所有人的 OKR 都是可見的。嚴重失調的團隊會脫穎而出。」

OKR 的透明性可以防止員工將自己與組織的其他部分隔離開來，同時仍然為他們提供了決定如何最好地完成工作的靈活性。

你只需查看 Google 的「20%時間」規則，該規則允許工程師在相當於每週一個工作日的時間裡從事業餘專案，以了解自下而上的 OKR 如何帶來創新。Gmail 等改變遊戲規則的服務起源於 20%的時間項目。

當年 Google 的一位員工保羅‧布赫海特（Paul Buchheit），為當時老舊的郵件系統而抓狂，自發提出要做一個具備搜索與折疊等功能的郵件系統，這就是後來的 Gmail。如今，Gmail 已經是 Google 一條專門的業務線，有自己的策略目標。在這個例子中，個人層面的 OKR 最終上升為組織層面的 OKR。

13.3.2 自下而上 OKR 的效果

健康的組織旨在讓一半的目標來自自下而上。在實踐中，這意味著每個貢獻者都可以自由設定他們的一些目標，最重要的是他們的所有關鍵結果。這會增加各個層面的參與度和動力，從而提高績效和公司的底線。

根據 2018 年蓋洛普（Gallup）的一項調查，美國的工作敬業度正在上升，但仍有 53%的員工屬於不敬業的類別。不參與的工作通常只做所需的最低工作，並且願意離開他們的公司以獲得稍好的報價。資料還顯示，「最擅長讓員工參與的組織實現每股收益成長是競爭對手的四倍多」。

自下而上的 OKR 的另一個副產品是創新，它始於基層。那些與實際構建你的產品並直接向你的客戶提供服務的人員密切合作的人將更好地了解行業即將發生的變化和趨勢。

13.3.3 自下而上的 OKR 示例

讓我們從之前的分解 OKR 示例中重新審視汽車經銷商，其最高目標是成為該地區領先的電動汽車經銷商。經銷商的服務技術人員聽說美國其他經銷商開始提供移動服務。因此，技術人員提出了以下 OKR：

O	運行為期一個月的行動服務試點
KR1	為 50 家客戶提供行動服務
KR2	調查研究試點中的所有客戶
KR3	演示擴大行動服務業務的計畫

現在想像一家媒體初創公司，其最高目標是像頂級媒體公司一樣營運。這家媒體初創公司的社群媒體編輯首先意識到，新的基於影片的平臺產生的網路流量是其他行銷活動的兩倍。因此，編輯設置了以下 OKR：

O	在新的社群媒體平臺上發起活動
KR1	每天安排 2 篇文章
KR2	測試文章以了解受眾範圍和參與度
KR3	到月底獲得 1,000 名新粉絲

13.4
各種方式的組合

我們以一個美式橄欖球隊的例子來說明公司和團隊之間的對齊，包括自下而上與自上而下，也包括了顯式對齊與定向性對齊：

◆ 球隊總經理

O（目標）	為股東創造價值。
KR（關鍵結果）	贏得超級盃（Super Bowl，美國最重要的職業橄欖球大聯盟的年度冠軍賽）。 看臺滿座率達到 88%。

該目標主要由兩個高管 —— 總教練和公關負責人來分擔：

◆ 總教練

O（目標）	贏得超級盃。
KR（關鍵結果）	200 碼傳球攻擊。 防守資料第三。 平均回傳 ×× 碼。

◆ 公關負責人

O（目標）	看臺滿座率達到 ××%。
KR（關鍵結果）	聘用 ×× 位有色人種球員。 媒體覆蓋率達到 ××%。 為關鍵球員做 ×× 次專訪。

　　除此以外，團隊的物理治療師（相當於隊醫）在運動醫學會議上了解到一種新療法，並將新療法的實施作為她自己的 OKR 之一。雖然這個目標並不直接與團隊的頂級 OKR 保持一致，但它確實大大提高了整體目標的達成可能性。

13.5
練習：協調對齊

在你自己的公司中，嘗試透過顯式對齊和定向性對齊手段，拉齊自上而下和自下而上產生的 OKR，使得所有層級、所有人的努力方向都一致。

第十四章

設計中的常見錯誤自查與糾正

現在每人都起草了自己的 OKR。在呈現給團隊之前，請對照下文摸底自查一下，有沒有犯一些習慣性的技術錯誤？

14.1
目標太多

剛開始時，為公司或個人設置太多目標是一個典型的錯誤。我們會看到管理者們面臨數個目標難以取捨，總要設法全部放進 OKR 才放心。

為什麼會出錯？

接受 OKR 的公司正在尋求提高他們的關注度和責任感。然而設定太多目標，這兩個好處都將受到阻礙。根據我們的經驗，當目標太多時，往往無法實現目標，並且人們會灰心，而整個公司都認為 OKRs 不是正確的方法。

如何解決？

顯而易見的答案是不要有太多目標，將它們保持在 3 個或更少。但是實際上，你可能會遇到同事和員工的壓抑。我們發現一種處理此問題的好方法如下：告訴所有人，他們當然可以按照自己的意願做很多事情，但是你只希望將最重要的 2 ～ 3 個目標定義為 OKR。這是一個很好的折衷方案，可以使球滾動起來，而現實將很快得到解決，並照顧好其餘的一切。

14.2
量化目標

目標應該是鼓舞人心的；他們應該激勵你的團隊。

為什麼會出錯？

有幾個原因導致了這個問題。

純粹出於技術原因，你將很難為已經定量的目標定義關鍵結果，並且最終可能會陷入困境。

第二個問題更為深刻。將你的銷售額提高 20% 幾乎不會給任何人鼓舞。「使追加銷售成為成長最快的收入來源」聽起來更令人興奮。

第三個問題是你只設置了一個數字。這是一個如何解決此問題的示例：

O1	將銷售額提高 20%（如何增加？有哪些限制條件？）
O2	追加銷售收入成長最快的來源
KR1	完成 30 筆追加銷售交易
KR2	增加 20 萬美元的銷售收入
KR3	確定 200 個追加銷售機會

因此，不要使目標量化。

14.3
關鍵結果沒有量化

定性的關鍵結果違背了基本方法論。請記住，目標是你想要實現的目標（例如：「成為市場領導者」），而關鍵結果是定義成功的定量指標。如果你的主要結果是定性的，則一切都由擁有 OKR 的人進行主觀解釋。

為什麼會出錯？

這是一個錯誤，因為你將沒有公正的方式來衡量自己是否實現自己的目標。

如何解決？

要解決此問題，請確保所有關鍵結果本質上都是定量的，並且具有眾所周知的計算方法。

14.4
將日常工作設為 OKRs

OKR 與改變現狀有關，目標是激勵人心的。

為什麼會出錯？

一個典型的例子是公司的薪酬支付專員。他每個月需要做薪資單。但是，這不是目標，這僅僅是需要發生的事情。

如何解決？

繼續以薪酬支付專員為例，一個很好的目標是縮短進行薪資核算所需的時間，或者提高支付的準確率。這才是一個值得努力實現的目標。

14.5
待辦事項清單作為 OKR

剛開始時，團隊傾向於制定以任務為主要結果的目標。

為什麼會出錯？

不幸的是，努力並非總能獲得成果。有時，我們可能會非常努力地工作，直到最後才發現我們的努力被誤導了，而我們並未實現希望實現的目標。

任務確實在 OKR 中占有一席之地，但並不在目標或關鍵結果中。

如何解決？

讓我們從定義術語開始：

O	我們要實現什麼？
KR	我們如何知道自己已經實現了，即成功的定義
任務	我們要做什麼才能實現我們的目標

現在，有了這個定義，我們可以看到 OKR 不應成為任務。讓我們研究以下示例：

◆ 發布該軟體的新版本

這是一個不好的目標的原因，因為沒有人為了發布而發布軟體。也許我們正在發布新版本是為了使軟體更穩定或更吸引人。「使軟體更穩定」和「使軟體更引人入勝」都是好的目標，因為它們具有定性並很好地傳達了我們的意圖。

◆ 發行新版本的軟體

這是一個糟糕的關鍵結果，因為我們發布了該軟體的新版本這一事實絲毫不表示我們的軟體變得更加引人入勝或更加穩定。更好的關鍵結果是「將錯誤報告減少 20%」或「將平均登入次數增加 10%」，因為這將是衡量我們實現目標的良好方法。

現在，發布軟體的新版本是一項很好的任務，可以支援我們的目標，並且有望對我們的主要成果產生影響。

14.6
不區分承諾的和期望的 OKR

將承諾的 OKR 標記為期望的,會增加失敗的機會。團隊可能不會認真對待它,也可能不會改變他們的其他優先事項來專注於交付 OKR。

而將一個期望的 OKR 標記為承諾,會使那些找不到方法來實現 OKR 的團隊產生牴觸情緒,並且會招致優先權的倒置,因為承諾的 OKR 會被取消人員,以專注於期望的 OKR。

14.7
不切實際的願望性 OKR

期望型的 OKR 往往是從當前狀態出發,並有效地提問:「如果我們有額外的員工,並有一點運氣,我們能做什麼?」另一種更好的方法是,問一問自己:「如果我們擺脫了大部分限制,幾年後我(或我的客戶)的世界會是什麼樣子?」顧名思義,當 OKR 首次制定時,你不會知道如何實現這種狀態 —— 畢竟它是一個理想的 OKR。但是,如果不了解並闡明所期望的最終狀態,你就會保證你無法實現它。

測試：如果你問你的客戶他們真正想要什麼，你的理想目標是否滿足或超過了他們的要求？

14.8
無所謂的 OKR

OKR 必須承諾明確的商業價值。否則，就沒有理由花費資源來做這些事情。低價值目標（LVO）是那些即使寫得很完美，卻沒有人會關心的目標。

一個經典的（也是誘人的）低價值目標例子：「將任務的 CPU 利用率提高 3%」。這個目標本身並不能直接幫助用戶或 Google 公司。然而，「在不改變品質或延遲等的情況下，將應對高峰期查詢所需的核總數減少 3%，多餘的核返回到空閒池中」這一目標具有明顯的經濟價值，這是一個卓越的目標。

測試：在合理的情況下，OKR 能否在不提供直接的終端使用者或經濟利益的情況下評 1.0 分？如果是這樣，那就重新編寫 OKR，把重點放在有形的利益上。

第十五章

OKR 管理工具

15.1
選定 OKR 記錄工具

　　國外有些專門做 OKR 的系統公司，提供免費使用的介面（詳見 15.2 章節），中大型公司往往選定一款電子系統來上傳和記錄公司、團隊和每位員工的 OKR；小型或者初創型公司可以因地制宜地選用現有的辦公軟體或應用（詳見 15.3 章節）。也有些互聯網或者軟體公司開發了自己的內部系統，或者在某一個內部管理系統裡增加了 OKR 介面。

　　OKR 管理工具的基本功能要求極其簡單：

☑ 有幾行空白欄供輸入文本、目標和關鍵結果。

☑ 每行文本後面跟隨一個小儲存格，供評分。

☑ 根據各家設計的計分規則，可以加一個儲存格自動計算平均得分，包括每個目標的平均得分，以及該員工各個目標的整體平均得分。

☑ 根據各家的組織構成，確保每個員工的輸入能夠在全公司共享（在不影響商業機密准入許可權的前提下）。

　　這個問題上沒有必要追求高科技，畢竟讓員工輕鬆使用是最重要的。各家公司可以根據自己的情況因地制宜地選用一款系統使用。

◆ 小提示

☑ 在工具的設計和選用上，設計團隊經常會情不自禁地加多功能，使其更加複雜，更加「完善」。但是最佳實踐告訴我們，真正用的好的

工具，往往是極簡的，讓員工感到輕鬆，而不是沉重。

☑ 換個角度想這個問題：假設每個員工每個季度需要 ×× 分鐘來更新 OKR，員工的平均人工成本是 ×× 美元，員工人數為 ×× 人，三者相乘即可獲得估計出每個季度花在 OKR 上的管理成本，你會驚訝這不是一個小數字。而這樣的成本，每個年度要發生 4 次。看著這個數字，就迫使設計者盡可能地簡化 OKR 工具和表格的設計。

☑ 如果能使用某種行動 APP 來管理 OKR，也會大大減輕員工負擔，便於 OKR 的實施。假設員工在候機廳、公車站，或者其他排隊等候時，都能利用碎片時間更新 OKR，每個季度的更新豈不是容易很多嗎？

15.2
有哪些免費的 OKR 管理工具可以選擇

無論你是第一次使用 OKR，還是長期使用者準備開始新一輪努力，找出一個免費的方法來透明地追蹤 OKR，這本身似乎就是一個 OKR。因此，我們列出了一些我們最喜歡的免費 OKR 工具，幫助組織、團隊和個人進行目標設定和追蹤。

所有這些都是使任何組織中任何人都可以透明地監測目標的簡單方法。當時安迪・葛洛夫讓年輕的約翰・杜爾和英特爾的其他成員將他們的個人 OKR 張貼在隔間外，以便每個人都能看到，這已經是 OKR 的基礎了。

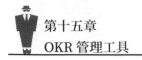

15.2.1 Google 文件或 Google 試算表

Google 作為一家建立在 OKR 基礎上的公司,它提供強大的免費工具來追蹤這些 OKR。利用 Google 文件(Google Docs)或 Google 試算表(Google Sheets)是一種簡單、容易使用的方式。WhatMatters 已經為這兩者做了一個範本。

使用時,選擇「文件」,從下拉式功能表中選擇「複製」,開始填寫你自己的目標。

你必須登入 Gmail 才能使用 Google 文件範本和 Google 試算表範本

由於這兩個工具都是空白的畫布,你可以調整和定製範本,以適合你的公司並實現你的目標。使用 Google 文件和 Google 試算表對較小的團隊很有用。如果你的目標是在一個更大的組織中推廣 OKR,有一些付費的 OKR 軟體工具可以幫助你。

15.2.2 「OKR:做最重要的事」OKR 入門擴充程式

Coda 希望將數位文件的體驗提升到新的水準,「將文件的靈活性與試算表的結構和深度相結合」。Coda 的文件可以像應用程式一樣強大,因此它可以補充任何團隊或任何公司自己的工作方式。

為了對此有所幫助,Coda 與約翰·杜爾合作,讓你的團隊開始使用 OKR 吧!

15.2.3 Koan

Koan 是一個行動 APP,以前是一個需要付費的 OKR 軟體,現在有一個不受限制的免費版本。

與 Koan 的付費版本一樣，免費版本也很容易設置和整合到一個組織中。在同意隱私和服務條款後，OKR 使用者被引導到一個直觀的標籤式控制臺，並被提示「創建一個目標以開始」。

Koan 不僅是一個 OKR 工具，也是一個 OKR「完善者」。在有指導的目標設定過程中，Koan 提供了關於編寫「極好的」OKR 的資源，並提供了一些例子來激發人們的靈感。Koan 關注的是進展，而不是狀態更新和每週反思，這有助於將績效置於背景之中。

▌15.2.4 筆或印表機和紙

誰說寫和分享 OKR 一定需要軟體和互聯網？在網際網路出現之前，人們使用的是筆、印表機和紙，而且現在也還在使用。前 Google 產品經理、現醫療保健公司 Nuna 的執行長 Jini Kim 分享說：「我們每個月都把 OKR 放在我們的幻燈片上。我們把它們列印出來，就貼在牆上，說你現在知道你的奮鬥目標是什麼，以及你是否達到了目標。」

無論你是為自己還是小公司設定 OKR，也可以效仿 Jini Kim 的做法。

15.3
有哪些付費的 OKR 管理工具可以選擇

OKR 激勵了許多公司去實現大膽的目標。一些公司甚至把創造軟體來幫助其他人完成 OKRs 作為自己的使命。如果你正在尋找付費的方法

來擴大 OKR 的採用和使用範圍 —— 不管是什麼規模的公司 —— 請接著看下去。請記住，這些產品可以幫助一個組織致力於制定 OKR，但並不是不失敗的保障。

看看是否有適合你的組織的產品。請注意，如果預算還沒有完全達到付費 OKR 軟體的要求，也有免費的方法，見上篇。

15.3.1 BetterWorks

約翰·杜爾最推薦的工具（也是他的投資之一）是 BetterWorks。BetterWorks 旨在幫你「將你的整個員工團隊與組織的首要任務結合起來，並透明地追蹤進展」，這正是一個以 OKR 為重點的組織所需要的。它也很容易與許多公司正在使用的工具進行集成，如 Gmail、Jira、Outlook、Slack 或賽富時（Salesforce）。這些整合有助於加快員工的入職速度。BetterWorks 甚至提供輔導，以幫助新員工制定第一個 OKR。

所有這些的後續工作是，BetterWorks 還支援 OKR 的「兄弟姐妹」—— CFR，它代表著對話、回饋和認可。它們有助於指導管理人員「圍繞績效、回饋、發展和認可進行定期的、羽量級的對話」。

BetterWorks 還支持同行認可（peer-to-peer recognition），因此，任何員工，無論其級別如何，都可以認可同事所做的工作。

所有這些都被追蹤、匯總成操作面板資料，透過這些資料，高階領導層可以一目了然地全面實施持續績效管理。

BetterWorks 提供最初的免費試用，之後每個使用者每月收取費用。美國線上（AOL）、BMV、索尼音樂和 Shutterstock 等公司都在使用它。

15.3.2 Asana

Asana 是一個「工作管理平臺，團隊可以用它來保持對目標、專案和日常任務的關注，以促進業務發展」。它得到了 Airbnb、紐約時報、Possible Health 和 NASA 等組織的信任。雖然它沒有被嚴格地作為 OKR 軟體進行銷售，但像 Hike Messenger 和 Possible Health 這樣的公司已經將 Asana 用在 OKR 管理上。

要學習如何做同樣的事情，請查看 Asana 的文章，了解如何調整產品並用於 OKR。他們還提供了一個範本來幫助你開始工作。

Asana 也很容易與大多數公司已經使用的工具集成，如 Google Chrome 擴充程式、Slack 和 Dropbox。他們提供最初的免費試用和三個不同層次的定價。

15.3.3 Gtmhub

Gtmhub 允許公司、團隊和個人以透明的方式連結和層疊 OKR。這使得「你的團隊中的任何人都可以看到他們的工作如何支援團隊或公司的目標，創造一種有意義的工作、靈活性、自主性和連繫的文化」。

作為一個高度可整合的軟體，Gtmhub 提供與 Asana、Google Analytics、MailChimp 等的 OKR 自動化。

他們還透過「Gtmhub 徽章」提供了一種獨特的員工認可方式，使獲得的成功幾乎成為一種遊戲，這對千禧一代來說是一個經過充分研究的激勵因素。像領英（LinkedIn）的「檔案強度」進度條都是為年輕人量身定做的。

Gtmhub 的一些客戶包括 BaseKit、Hacktiv8 和 SendCloud（中國專業的郵件發送平臺）。他們提供免費試用，然後按用戶每月收費。

15.3.4 萊迪思（Lattice）

萊迪思（Lattice）幫助公司創造一種設定目標的文化。它提供了一個基礎工具包，允許你設置明確的 OKR，建立可追蹤的以員工為中心的 1 對 1，並提供一個公共的「讚美牆」，透過他們的平臺在整個組織內透明地慶祝成功。

它更獨特的功能是為員工建立和運行「參與度調查」，這樣組織能夠把員工放在第一位。

萊迪思有單獨的定價計畫，取決於公司的需求。他們提供免費試用，之後他們按人頭、按月收費。目前依賴萊迪思的公司包括 Button 和 Coinbase。

15.3.5 Koan

Koan 是一個超級簡潔明瞭的 OKR 追蹤平臺，「幫助領導者提供卓越的結果」。

直觀的控制臺以標籤形式在「目標」、「思考」和「檢查」之間輕鬆導航。後兩者對 OKR 的進展特別有用。每週一次，平臺會針對正在進行的工作以及完成 OKR 的可能性，向團隊提出一個問題。這包含了一個演示功能，促使組織報告進展情況，而非只是狀態更新。

Koan 還鼓勵使用者每週進行反思，讓團隊成員寫下並公開分享他們已經完成的工作，以及他們在下週要做什麼來實現目標，以提高透明度。

使用 Koan 的公司包括迪士尼、Hulu、NIKE 和 Vacasa。

Koan 可與 Slack 完全整合，提供沙盤演示樣本，並提供 30 天免費試用。

15.3.6 Ally.io

Ally.io 是一個軟體解決方案，使日常工作流程中方便使用 OKR。操作面板不太像目標設定軟體，反而可能會讓你想起 X（前身為 Twitter）。它使 Ally.io 供的 OKR 透明度很吸引人，有個人、團隊和公司的活動回饋。

每當你達到一個目標，每個人都會得到提醒，並自動串聯到組織的高層。Ally.io 可以與公司經常使用的工具整合，如 Slack 或賽富時。

對目標的更新被稱為「簽到」。簽到是一個很好的功能，因為 Ally.io 有一個內建的「時間機器」，允許團隊成員將他們目前的進展與他們的歷史性勝利進行比較。這種透明度對每週的一對一會談很有幫助。

一個組織可能有進展較慢的高層次目標，其關鍵結果變化較頻繁。雖然典型的 OKR 週期是每季度一次，但也因情況而異。Ally.io 使公司可以選擇自己的 OKR 週期。

此外，如果你正在尋找幫助，以確定如何在你的公司推出 OKR，Ally.io 提供從小型到企業的培訓並提供 14 天的免費試用。

15.3.7 Mooncamp

Mooncamp 是一個德國開發的 OKR 軟體解決方案，它非常注重組織如何視覺化地調整和過濾目標以方便導航。

在 Mooncamp 的操作面板上，高層次的公司 OKR 被分解成團隊和個

人 OKR。所有的目標都是靈活的，OKR 可以與一個或多個公司目標和其他團隊目標保持一致。然後，可以用各種圖表查看目標，從圖表到進度條。但最有趣的是，Mooncamp 上的 OKR 也可以被看作是一種「網路視圖」，類似於家庭樹，它顯示了所有 OKR 是如何在一個組織中相互關聯和互動的。

一個強大的軟體內搜尋工具還可以過濾和鑽取整個組織的 OKRs，這對領導層的透明度和跨部門是很有用的。

Mooncamp 提供 14 天的免費試用，並可以在各種規模的公司中進行擴展。

15.3.8 PatPat360

PatPat360 是一款在義大利開發的 OKR 軟體，具有許多與日常工作應用相關的功能，但針對 OKR 的最佳實踐進行了簡化。

它的中央操作面板非常 FB 風格，組織成員的大頭照在「牆」上提供更新。使用者可以在側邊欄導航到「我的目標」，也就是 OKR 的位置。在這裡，OKR 可以在一個類似 Trello 軟體裡的板子上拖動和重新排列，你就可以看到帶評論的狀態更新。

但 PatPat360 的突出之處在於，OKRs 可以自下而上地被簡化。領導者可以為其部門或組織中的任何人提供目標設定參數，讓他們制定並提交符合這些標準的 OKR，以供批准。這就是 OKR 被開發的基礎。那就是當「人們幫助選擇一個行動方案時，他們更有可能把它看完」。

第十六章

OKR 的口頭演示準備

16.1
為什麼需要演示準備

現在每位員工精心起草了自己的 OKR，下一步需要向別人介紹你的 OKR 並獲得通過。可能需要完整演示的場合主要有：

☑ 與直屬上司的一對一 OKR 設定會議；

☑ 團隊的全員大會上，有可能請關鍵成員，甚至可能請每位成員介紹他的 OKR。

如果你是團隊主管，那麼不僅需要介紹自己本人的 OKR，還需要和下屬討論他們的 OKR，更需要在公司或者團隊會議上介紹自己團隊的 OKR。

除了以上的完整演示，後續定期的 OKR 追蹤會議、季度末的評分會議等，都可能需要部分回顧 OKR 設置的原因，因此，除非你具備脫口秀主持人的素養，否則事先做個全面的準備是非常必要的。

16.2
案例分享：OKR 演講實錄

　　那麼應該介紹到什麼深度呢？沒有什麼比實際案例分享更好地說明這個問題：

　　Google 風險投資的合夥人瑞克‧克勞分享了他在 Google 接手部落格產品的時候，第一個季度的三組 OKR，並口頭分享了他設置這些 OKR 的原因。

O1	加速部落格收入成長
KR1	向所有使用者啟動「貨幣化」標籤
KR2	實施 AdSense 主機管道展示位置定位以將每千次廣告收入提高 ××%
KR3	啟動 3 個針對特定收入的實驗，以了解推動收入成長的因素
KR4	完成部落格廣告網路的產品請求文件，並確保獲取工程師資源分配以在下一季度完成構建部落格廣告網路
O2	透過自發成長增加部落格流量 ××%
KR1	推出 3 個新功能，將對部落格流量產生可衡量的影響
KR2	改善部落格的 404 處理，將所有從 404 錯誤開始的會議，現場時間和每屆會議的網頁瀏覽量延長 ××%

O3	提升部落格的聲譽
KR1	透過在三場行業會議上講演來重新建立部落格的領袖地位；
KR2	協調部落格的十週年生日公關活動
KR3	確定並親自聯絡前 ×× 位部落客
KR4	解決 DMCA 流程問題，消除音樂部落格的錯誤刪除問題
KR5	在 X 上設立 @Blogger，定期參與關於部落格產品的討論

當時的背景情況是：當他接手部落格產品時候，部落格是世界第八大網路資產（迄今仍然在前十名之內），無論從網頁瀏覽還是使用者數量角度衡量。在 Google 內部，Google 是第一大產品，YouTube 是第二大，部落格是第三大，但是在前兩個產品的炫目光環下，幾乎沒有人關注部落格，它幾乎被忘卻了，儘管它是巨大的流量引擎。有一次，Google 審視旗下所有產品，看看有哪些是產生收入的，或者可能產生收入。而部落格當時有少許收益，不算太多。因此管理層要求瑞克‧克勞來接管，把部落格扭轉為一個盈利的業務。因此他設置了這三組 OKR。以下是他的逐條解釋，以下括弧裡的字為根據他的口述概括的背景或原因。

◆ 第一組 OKR

O1	加速部落格收入成長

（在每個季度，他的首要目標都是促進收入成長，所以他的第一個 O 一定是加速收入成長，只是每個季度的 KR 不盡相同）

KR1	向所有使用者啟動「貨幣化」標籤

（他剛接手部落格的時候，每個部落客要發文之前，平均需要點 14 下滑鼠！他要求一鍵實現這些功能來減輕部落客負擔）

KR2	實施 AdSense 主機管道展示位置定位以將每千次廣告收入提高 ××%

（這裡面的關鍵結果是將收入提高 ××%，前面的實施某功能只是為了更好地服務廣告客戶以推動收入成長）

KR3	啟動 3 個針對特定收入的實驗，以了解推動收入成長的因素

［當時是 2008 年底 2009 年初，對於如何提高部落格產品的收入，有可能存在誤解。因此他老闆喬克勞斯（Joe Kraus）建議，不要假設我們知道所有的路徑而徑直前進，開展幾個實驗測試一下，如果某路徑可以推動收入成長，那麼加速前進；否則就停止這個方向的資源投入］

KR4	完成部落格廣告網路的產品請求文件，並確保獲取工程師資源分配以在下一季度完成構建部落格廣告網路

（這是為下個季度專案開工的準備工作，包括兩個動作，如果只完成前一個文件準備，而沒有獲取更為重要的工程師資源，那最多只能得 0.5 分）

◆ 第二組 OKR

O2	透過自發成長增加部落格流量 ××%

（部落格是個完美的禮物，有上億次的訪問瀏覽，瑞克哪怕什麼都不做，它也有這麼大的流量，而且還會繼續成長。而瑞克的角色不能只是等著它成長，而要主動成為促進流量成長的推手。這裡的關鍵是：在自然成長之上，更要求增加一個百分比）

KR1	推出 3 個新功能，將對部落格流量產生可衡量的影響

（不需要解釋，跳過）

KR2	改善部落格的 404 處理，將所有從 404 錯誤開始的會議，現場時間和每屆會議的網頁瀏覽量延長 ××%

（這雖然是一個非常技術性的成果，但是想想幾十萬的瀏覽去到不存在的網頁，帶給使用者的體驗多麼差！我們決心改善對於 404 錯誤的處理，改善使用者經驗，來增加或留住流量）

◆ 第三組 OKR

O3	提升部落格的聲譽

（當時，部落格馬上進入第十個年頭了，但是即便在美國，也經常被遺忘。我們沒有積極主動地向媒體、使用者、合作夥伴銷售該產品，因此瑞克的工作應該包括將部落格作為社群活躍的一分子推廣）

KR1	透過在三場行業會議上講演來重新建立部落格的領袖地位

（走出去在行業會議上介紹部落格，吸引大家的注意力）

KR2	協調部落格的十週年生日公關活動

（當年的十月，適逢部落格產品十週歲紀念日，不僅要想想如何慶祝這個里程碑，還要利用十週年慶來反哺部落格的知名度，增加流量與營收。因此在十週年慶前後，部落格與一眾夥伴合作，舉辦了一系列公關活動，有些是針對增加流量的，有些是增加營收的，這一切都來源於幾個月前開始的公關策劃）

KR3	確定並親自聯絡前 ×× 位部落客

（找出部落格上流量最大的十位部落客，親自寫郵件給每一位。他們中的多人已經在部落格平臺上活躍多年了，這些部落客和部落格平臺是共創營收的，但他們從來沒有收到來自部落格團隊的任何資訊。瑞克留給他們每個人自己的各種聯繫方式：郵件、手機、X，這樣如果部落客們需要幫助他們可以直接找瑞克，他們不再覺得自己天天跟一個沒有面孔的產品打交道）

KR4	解決《數位千禧年著作權法》（後面以 DMCA 簡稱）流程問題，消除音樂部落格的錯誤刪除問題

（又是一個技術性非常強的問題。由於美國的法規原因，音樂部落格面臨很多誤刪，例如只需要刪除某次發布的時候，往往誤刪了整個部落格。這嚴重傷害了部落客和讀者的體驗。因此需要採取措施，甄別並消除錯誤的刪除動作，修補使用者經驗）

KR5	在 X 上設立 @Blogger，定期參與關於部落格產品的討論

（為了提高我們的聲響，應該使部落格產品在推特上活躍起來。無論部落格發生什麼事情，我們的很多部落客和讀者都在這個專區裡互相熱烈討論，我們部落格產品團隊也應該在部落格專區裡活躍發聲）

16.3
演示注意事項

☑ 設定演示時間並預留討論時間。OKR 的討論極易超時,因此雙方做好準備並且守時非常重要;

☑ 建議參考上節部落格案例的詳略程度,先把整個 OKR 草稿過一遍(注意並非每條分配的時間都相同,有些毋須解釋的可以直接跳過解釋;有些技術性強的,如果你的聽眾不限於技術背景的同事,請減少縮略語,用盡量直白的方式闡述);

☑ 預留問答時間並準備好就其中某幾項重點問題展開討論;

☑ 為了不讓自己被動,除了拋出來的目標和關鍵產出外,最好預留一兩個備用的 OKR;

☑ 若是會議中出現當場無法徹底解決的問題,不要鑽牛角尖,設置單獨會議另行解決(但是會後一定要說到做到,不要走出會議室就置之腦後了喔)。

16.4
練習：準備你在會議上的 OKR 口頭演示

☑ 參看你公司的會議日程，每位發言者允許發言多久？按照這個時長
　 練習你的演講。

☑ 錄下來，自己重播一遍，自己感覺怎麼樣？

第十七章

OKR 的會議準備

17.1
定期的 OKR 會議種類

採用 OKR 時最大的陷阱之一就是設置以後把它們拋到腦後。迄今為止，這是使用 OKR 失敗的最簡單方法。管理者如果坐在辦公室裡，指望一個季度結束時 OKR 都能自動完成了，那他屆時一定會大吃一驚 —— 驚嚇而不是驚喜。

OKR 相關的會議主要有兩種：

☑ 每個季度一次的正式會議，公布上季度的得分，設置下一個季度的 OKR；

☑ 每週或者雙週一次的追蹤會議（也叫簽到），隨時跟進 OKR 的進展。

除了以上兩種必須的會議以外，可以根據需要插入一對一的單獨會議等。此處我們重點介紹這兩種主要的會議。

17.2
如何開 OKR 追蹤會議

OKR 的進度審查應該是 OKR 週期中的重中之重。你的團隊知道他們的目標，但老實說：事情並不總是按照計畫進行。OKR 進度審查的最佳實踐可幫助你：

- ☑ 對當前進度有一個全域觀；
- ☑ 在為時已晚之前識別障礙；
- ☑ 確定方向不變的前提下，做些業務微調或重點轉移；
- ☑ 調整你的團隊，缺資源的協調資源，有驚喜發現的更加發力；
- ☑ 明確並校準預期；
- ☑ 確定下週的優先順序。

很多公司本來就有單週會或者雙週會制度，通常是星期五或者週一的簡短會議，OKR 的討論可以嵌進週會中，OKR 是支援業務的工具而不是束縛業務的枷鎖。

◆ 小提示：團體會議還是 1：1 會議？

重要的是要注意，OKR 追蹤會議不應該是公司全體會議，而是每個部門或團隊都應該有自己的會議。如果初創公司沒有組建部門或團隊，可以全體會議或者各自與其經理會面並報告。

除此之外，管理者也可以視需要安排 1：1 的事先討論或者及時跟進，

也許不是一個會議,只是在茶水間裡一起喝十分鐘咖啡。譯者本人經歷的最簡短的追蹤會議是,我老闆馬上要去機場,連咖啡都沒有時間跟我喝,於是他問我是否可以跟他一起搭電梯下樓,並陪他等車來。這三五分鐘內就溝通了兩三個最重要的進展,而他也及時趕到機場,並沒有誤機。

■ 17.2.1 定義最適合你團隊的重複週期和格式

我們建議每週或者雙週召開 OKR 追蹤會議,小型團隊不超過 15 分鐘,大型團隊不超過 30 分鐘。這應該有足夠的時間來反思目標進展並為下一週設定優先事項。

一開始時間安排可能需要一些培訓,但是一旦你掌握了流程的要點,請保持一致並堅持既定的時間。OKR 追蹤會議應直奔主題,按時結束。如果個別員工或者個別關鍵結果需要深入討論,深入工作應單獨進行,不要耽誤全部門的時間。

■ 17.2.2 邀請所有與會者

每個部門或團隊應該每週舉行一次 OKR 追蹤會議。經理和高級管理層之間更廣泛的 OKR 會議也是一個好主意,但頻率較低(例如:每月一次)。

目前各個公司使用的辦公應用或者軟體都有會議功能,可以幫助你順利設置定期的 OKR 進度審查會議,並每週提醒所有參與者。對於這種常規會議,我們建議提前預定好大家的時間,一方面有助於養成習慣,另一方面員工安排其他業務活動時候可以避開這個時段,免得屆時需要做兩難的選擇。建議在會議邀請中注明簡單的會議日程,尤其是剛開始開 OKR 追蹤會的時候。

17.2.3 制定明確的議程

與持續時間一樣，OKR 追蹤會議的議程應該清晰一致。這將有助於養成習慣並設定正確的期望，因此員工不會因會議時間長了或討論意外議程，而感到措手不及或感到意外。

這是你可以用於 OKR 追蹤會議的一個實用範本：

◆ 進度討論和狀態

分享與每個目標相關的關鍵結果的進展。這意味著從一個 OKR 開始並討論所有相關 KR 的進度，然後繼續討論其餘的 OKR。

每個 OKR（或單個 KR）的所有者必須為每個計畫設置一個狀態，並傳達引導他們選擇每個狀態的上下文。我們推薦以下選項：

- ☑ Canceled 取消
- ☑ Off track 偏離軌道
- ☑ Delayed 延遲
- ☑ On track 在軌（正點）
- ☑ Done 已完成

在討論每個關鍵結果時，確保每個人都解決阻礙進展的障礙。

◆ 反思

自上次 OKR 簽到會議以來，你是否嘗試過有助於推動關鍵結果的新事物？或者你是否意識到應該以不同的方式做某事？

◆ 待辦事項優先排序或調整

透過掌握狀態、阻礙因素和吸取的經驗教訓，團隊可以決定在接下來的一週內重點推進哪些計畫以及優先考慮哪些事項。

也許你會意識到 KR 不會因為你無法控制的原因而推進,並且最好將其擱置到下一個季度,同時將更多時間投入到偏離軌道、延遲和正常運行的關鍵結果上。

請記住:有些話題可能需要深入討論,但 OKR 進度審查會議不是這樣做的時候。因此,凡是需要深入討論的各方應該安排單獨的會議(會議工具也可以使會議更容易)。

◆ 團隊準備下一步行動

確保所有團隊成員都清楚下週需要其他人提供的優先事項和意見。如果需要針對特定的關鍵結果安排重點討論。

持續記錄進展是關鍵,將幫助你的團隊保持專注和會議簡短。最簡單的方法是使用與你的會議相配的目標追蹤工具。透過這種方式,你可以輕鬆地看到議程中的目標狀態和進度。

17.2.4 會議期間做筆記

當你按照議程進行時,做筆記(可以選擇公開或私密)並寫下行動項目。理想情況下,選擇一個記錄工具,讓你可以將這些筆記帶到下一次會議,這樣你就可以更有效地追蹤仍然需要解決的問題。

17.2.5 OKR 簽到的後續跟進

儘管每週的 OKR 追蹤會議不是就特定障礙進行徹底討論的合適場所,但這次會議應該不僅僅是記錄這些特定問題。會後應盡快就特定的障礙採取行動。

除了舉行 OKR 追蹤會議外,還可以根據需要安排與你的每個下屬進行一對一會議。

17.3
如何開 OKR 規劃會議

一個季度結束後，公司應該組織全體會議討論執行結果。一個年度結束後更加應該開會總結。全面回顧過去季度或者年度的 OKR 會議非常重要，這樣的會議上，各個團隊的負責人將分別介紹各自團隊的達成情況；為什麼這樣評分；下個季度如何調整。大集團公司可能按照事業部介紹，中等公司可能按照職能部門（例如市場部門、行銷部門、財務部門等），小型創業公司裡，有可能關鍵員工個人的 OKR 達成就代表了其所在職能的達成。因此可以視自己公司的情況而安排發言人。

無論你的公司規模或團隊類型如何，OKR 計畫會議都具有類似的結構。以下是常見的範本：

◆ 上個季度我們哪裡做得成功？哪裡做得失敗？

上個季度的表現如何？為什麼這樣評分？是否有過於雄心勃勃的關鍵結果？你需要改變它們嗎？

◆ 最重要的目標？

大多數時候，公司的目標不會改變。但是你可能根據需求調整排序。為了在實際計畫會議上節省時間，請讓團隊對目標進行評分或投票。

◆ 下季度的三大優先事項

開啟下一個周而復始的週期，最終確定前三個優先事項。目標太多太多，你的團隊最終可能無法實現任何目標。下一個季度的 OKR 一般與上個季度有一定的延續性，但視情況也可能有全新的輸入。

◆ 將優先事項轉化為 OKR

是時候將這三大優先事項轉化為數字了。更重要的是，確保你當前的分析可以準確地衡量它們。

◆ 資源和障礙

確保你的關鍵結果與你的資源之間沒有差距。你是否有足夠的資源來實現你的目標？什麼是潛在的障礙，你如何減輕它們？

◆ 行動

會議結束後的最終目標是讓你和你的團隊每天都有扎實的計畫可以採取行動。

這個過程也能產生校準的作用，各部門負責人對於 OKR 的公開匯報以及討論，促使每個部門誠實面對自己的達成情況，接受其他部門的無形監督和協調，並取得所有員工的認可。這是整個體系內最有價值的部分。反之，對於粉飾太平或者偷懶摸魚的員工，每季度 OKR 會議將是他們的噩夢。

安排季度或者年度會議的步驟與 OKR 追蹤會議基本相同，具體方法請參見之前相關章節。

17.4
練習：準備你的 OKR 會議

- ☑ 確定 OKRs 追蹤會議的召開時間和頻率。
- ☑ 確定全員的 OKR 規劃大會的召開時間和頻率。
- ☑ 向團隊成員發送定期邀請。
- ☑ 向每次會議的參會成員公布會議日程。

第十八章

OKR 的評分

18.1
評分評級系統的設定

我們見過某些公司採用極其複雜的評分系統：迫不及待地添加詳細的權重、評分表、部門之間的校準和對齊……對於每季度都需要更新的 OKR 體系來說，似乎太「沉重」了，而且沒有必要。我們比較推崇刪繁就簡地設置一目了然的得分體系，讓員工和管理者的智慧、公正和勇氣在評分中發揮作用。

18.1.1 評分系統

我們需要牢記，評分的目的，是為了提供回饋。很多用過 OKR 的人都說，客觀地評價過去一季度的表現最重要。自己對過去一季度目標和關鍵結果的達成評價，以及團隊或主管對自己達成的評價，往往是最大的收穫。而且這些評價深深影響著下一個週期 OKR 的設定。

因此我們看到行業領先的公司反而採用極其簡單的評分方法：OKR 之父安迪·葛洛夫對 OKR 進行評分的方法是一種簡單的「是」或「否」方法，達成還是未達成，一目了然。

還有一種更高級的方法可以按照比例對每個關鍵結果進行評分。「0」代表失敗，「1.0」代表目標完全實現，中間的值代表部分實現。

☑ 每個目標的得分來自其各個關鍵產出得分的數學平均值；
☑ 每個季度該員工的 OKR 總分來自每個目標得分的數學平均值。

分數確實也不那麼重要，你可以自己觀察一下：如果你的評分細到小數點後兩三位數，或者發現自己需要好幾分鐘才能打出分數，那麼你就跑偏了。應該將寶貴的精力時間投入到促使關鍵結果的成長，而不是浪費在評分上。

思考一下，你們比較習慣哪種評分？

☑ 是／否？

☑ 0～1？

☑ 百分比？

☑ 百分制？

18.1.2 評級系統

根據平均得分得出相應評級：

☑ 0.7 到 1.0 ＝綠色（我們達成了）

☑ 0.4 到 0.6 ＝黃色（我們取得了進展，但沒有完成）

☑ 0.0 到 0.3 ＝紅色（我們沒有取得真正的進展）

思考一下，你們比較習慣哪種評級？

☑ 用顏色區分？

☑ 用文字描述區分（達成、部分達成、未達成）？

☑ 不同評級與評分的對應點？

18.2
如何給你的 OKR 評分

如果你使用 BetterWorks 或萊迪思等 OKR 軟體，系統將為你生成 OKR 分數。如果你不是，你將不得不做一些數學運算。但是，無論你如何計算分數，最好了解數字背後的含義以及它們的來源。

首先我們嘗試採用安迪·葛洛夫的「是」或「否」方法。為了看到它的實際效果，讓我們使用足球類比。假設你是一個足球隊的招募人員。本季度你的 OKR 可能如下所示：

O1	招募 3 名新球員	
KR1	參加 25 場比賽以發掘潛在的新人	
KR2	在這些比賽中接近 30 名球員	
KR3	聯絡 10 名潛在新球員的經紀人	

資料來源：OKR：做最重要的事的培訓材料

以下是你計算分數的方法：

KR1	參加 25 場比賽以發掘潛在的新人	否
KR2	在這些比賽中接近 30 名球員	是
KR3	聯絡 10 名潛在新球員的經紀人	是

這是 OKR 最基本的「Yes/No」評分法。

如果我們按照第二種辦法，對每個單獨的關鍵結果進行評分和計算平均分數，以對目標進行評分，為了將其視覺化，讓我們使用相同的足球招聘 OKR（以下括弧裡的文字提供了更多資訊）：

| KR1 | 參加 25 場比賽以發掘潛在的新人 | 0.8 |

（你只能參加 20 場比賽，所以這是 0.8，這是一個令人欽佩的分數）

| KR2 | 在這些比賽中接近 30 名球員 | 1.0 |

（你接觸了 30 名球員，所以這是一個完美的 1.0）

| KR3 | 聯絡 10 名潛在新球員的經紀人 | 0.6 |

（你只聯絡到了 6 名經紀人，所以這是一個 0.6）

總而言之，平均分是 80% —— 或者原始分數為 0.8，合格。

值得注意的最後一件事是，你希望看到關鍵結果的變化。如前所述，70% 是一個不錯的分數。如果一切都是 100% 或 30%，那麼這種同質性是可疑的。這可能意味著你需要設定挑戰性目標或徹底重新考慮你的 OKR。

18.3
案例分享：部落格產品負責人的 OKR 評分

　　Google 風險投資的合夥人瑞克‧克勞分享了他剛剛接手部落格產品的時候，第一個季度的 OKR 得分。雖然那個季度已經過去了很久，但是他清楚地記得自己為什麼讓自己得某一項分數。以下是他的 OKR，最右邊那一欄是他給自己的評分：

O1	加速部落格收入成長	0.7
KR1	向所有用戶啟動「貨幣化」標籤	1.0
KR2	實施 AdSense 主機管道展示位置定位以將每千次廣告收入提高 ××%	0.3
KR3	啟動 3 個針對特定收入的實驗，以了解推動收入成長的因素	0.7
KR4	完成部落格廣告網路的產品需求文件，並確保獲取工程師資源分配以在下一季度完成構建部落格廣告網路	0.8
O2	透過自發成長增加部落格流量 ××%	0.45
KR1	推出 3 個新功能，將對部落格流量產生可衡量的影響	0.6
KR2	改善部落格的 404 處理，將所有從 404 錯誤開始的會議，現場時間和每屆會議的網頁瀏覽量延長 ××%	0.3
O3	提升部落格的聲譽	0.72
KR1	透過在三場行業會議上講演來重新建立部落格的領袖地位；	1.0

KR2	協調部落格的十週年生日公關活動	0.8
KR3	確定並親自聯絡前 ×× 位部落客	0.8
KR4	解決 DMCA 流程問題，消除音樂部落格的錯誤刪除問題	0.4
KR5	在 X 上設立 @Blogger，定期參與關於部落格產品的討論	0.6

他逐條簡單介紹了為什麼這樣評分，以下括弧裡的文字為根據他口頭說明整理的概要：

◆ 第一組 OKR

O1	加速部落格收入成長	0.7

（平均得分 0.7，為以下四個關鍵結果得分的數學平均數）

KR1	向所有用戶啟動「貨幣化」標籤	1.0

（得分 1.0，因為按時成功啟動了該功能，對於整體使用者經驗帶來顯著改善）

KR2	實施 AdSense 主機管道展示位置定位以將每千次廣告收入提高 ××%	0.3

（得分 0.3，因為該專案雖然實施了一個版本，但是對收益並沒有產生太大影響，這一項可視作失敗）

KR3	啟動 3 個針對特定收入的實驗，以了解推動收入成長的因素	0.7

（得分 0.7，因為只有兩個實驗成功展示了推動收入成長的因素，第三個實驗沒有得出任何有啟示性的結論。瑞克認為這是自己的錯誤，沒有將實驗設計得很有效）

KR4	完成部落格廣告網路的產品需求文件,並確保獲取工程師資源分配以在下一季度完成構建部落格廣告網路	0.8

(得分 0.8,因為雖然產品需求文件完成了,也確保了相應的工程師資源,但是仍然有些問題待解決,因此考慮得 0.8 分)

◆ 第二組 OKR

O2	透過自發成長增加部落格流量 ××%	0.45

(得分 0.45,為以下關鍵結果得分的數學平均數)

KR1	推出 3 個新功能,將對部落格流量產生可衡量的影響	0.6

(得分 0.6,因為我們推出了兩個新功能,對於流量的影響也是可衡量的,所以這一項應該算是有待提升)

KR2	改善部落格的 404 處理,將所有從 404 錯誤開始的會議,現場時間和每屆會議的網頁瀏覽量延長 ××%	0.3

(得分 0.3,到該季度末,我們摸索出了所有可以改善 404 處理的動作,並且交給工程師們去實現,但是還沒有完成)

◆ 第三組 OKR

O3	提升部落格的聲譽	0.72

(得分 0.72,為以下關鍵結果得分的數學平均數。以下這些都是比較直白的行動,因此評分也非常容易,這裡不再一一解釋了)

KR1	透過在三場行業會議上講演來重新建立部落格的領袖地位	1.0
KR2	協調部落格的十週年生日公關活動	0.8
KR3	確定並親自聯絡前 ×× 位部落客	0.8
KR4	解決 DMCA 流程問題，消除音樂部落格的錯誤刪除問題	0.4
KR5	在 X 上設立 @Blogger，定期參與關於部落格產品的討論	0.6

從中我們可以清晰地讀出，瑞克對於自己的要求還是相當高的，評分從嚴。也可以讀出，一個無爭議的 OKR 評分過程，需要的並不是什麼高深的管理技術，而是員工和管理者的常識，業務洞見，策略規劃能力，和客觀公正的心態。這是任何所謂「完善科學的管理體系」都無法替代的。

另外，OKR 的設計水準也是重要因素。雖然只有三個目標，每個目標只有 2 ～ 5 個關鍵結果，但是每一個關鍵結果都可衡量。季度末的時候簡單介紹一下達成情況，得分就一目了然了。可以說，評分的效率和效果，在 OKR 設計階段就注定了一多半。

◆小提示

總體分數應該分布在哪個區間合適？這也是習慣了強制分布的管理者必定會問的問題。其實得分的結果在 OKR 設定時候就注定了。如果設置的目標具有挑戰性，那他不可能全部達標。雖然我們並不提倡把強制分布等機械化的管理機制照搬到 OKR 中，但是站在公司的角度，自然而然有個全域觀察：是否有某個部門或某個人刻意壓低 KR 設置以得高分？最關鍵的是，OKR 得分最高的季度或部門，是否剛好是業績極好的季度或部門？得分與業績的相關性從另外一個角度印證了 OKR 設置的科學性。

18.4
OKR 未達標部分的處理

規劃下一個季度的 OKR 時，綠色已完成部分一般不再出現，黑色部分完成部分，視其重要性和完成程度，可能出現或者合併到某一項中，但是實際工作中仍需完成；紅色部分則需要認真審核，下個季度，是否再接再厲繼續做呢？大部分情況下，回答是：看下個季度它是否依然有策略重要性。

具體行動上，首先我們要按照分場景來剖析為什麼無法達成：

☑ 如果是因為階段性的客觀原因（例如資源不夠），但是初步判斷策略方向是正確的，時機也沒有消逝，那麼下個季度如果資源分配得過來，還可以繼續嘗試；

☑ 如果是努力過但是有障礙造成此路不通，有可能要探索一下是否有別的路徑，目標可以保持但是關鍵結果可能調整；

☑ 如果是沒有努力或者努力結果不理想，那麼就要考慮是否該員工的績效問題或者能力問題；如果該目標依然重要但是員工能力或績效不佳，可能要調整資源分配等；

☑ 如果以上均排除，可能需要反思這是否一個現實可行的，或者值得去努力的目標？

◆小提示：對於得分低的專案的心態處理

對於得分低過 0.4 的專案，我們應該用什麼心態去看待和處理呢？Google 的做法是，我們並不視其為失敗，而是視其為資料，來自一線市

170

場的寶貴資料。這些資料告訴了我們很多事情，我們自以為知道但事實並非如此。所以低分數只是亮起一個紅燈，警示我們此處有盲目區，需要我們深入了解並處理。對於業務主管來說，這樣的警示作用的價值遠遠超過了得分本身。

18.5
練習：設計你的 OKR 評分系統

18.5.1 OKR 評分表

- ☑ 是／否？
- ☑ 0～1？
- ☑ 百分比？
- ☑ 百分制？

18.5.2 OKR 評級表

- ☑ 用顏色區分？
- ☑ 用文字描述區分（達成、部分達成、未達成）？
- ☑ 不同評級與評分的對應點？

第十九章

如何給予回饋

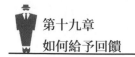
19.1
如何給員工回饋

回饋大概是讓所有經理人最緊張的事情了。回饋像一把雙刃劍，既可以促進工作體驗、團隊動態和公司文化的巨大變化，也可以一夕間摧毀這一切。相關人員之間是否存在相互信任？回饋是主動提供的，還是僅限於 OKR 流程要求不得已而為的？

回饋不一定是房間裡的大象。如果提供得當，它可以激勵和吸引員工，優化工作流程，並營造一種主人翁精神和責任感的文化。

OKR 如何幫助回饋過程？

目標和關鍵結果框架是一種合作式目標設定方法，可幫助團隊透過稱為關鍵結果的具體和可衡量的行動項目來設定理想目標（目標）。實施 OKR 為高效、以目標為導向的環境奠定了基礎，從而減輕了提供回饋的壓力。透過闡明共同的目標和期望，OKR 框架以一種建立相互信任的羽量級方法創建了一個自然而流暢的回饋過程。

一旦制定了 OKR，回饋就可以像在專案或季度後與員工一對一會面、審查目標、評估是否達到目標以及評估原因或原因一樣簡單 —— 在一個稱為「對話、回饋和認可」或稱為 CFR。

CFR 為更直接的問題和回饋創造了空間，並使對話專注於工作和不斷變化的輸入和輸出。它們自然地限制了由措辭不當的回饋引起的常見誤解。但是，無論你是否正式實施 OKR，CFR 的基本要素都適用於每次

績效審查或回饋對話。因此，下次你與員工坐下來討論績效時，請記住以下要素：

◆ 對話

對話方面構建了討論和即將到來的回饋。它可以幫助經理和員工圍繞目標和期望進行深思熟慮的匯報。記住此時雙向交流的重要性，並確保對方有機會發表意見。在談話過程中，花點時間詢問員工他們認為在這個角色上取得成功需要什麼（即額外的資源、更多的時間、更多的委派、更多的方向）。這也是就目標進行寶貴對話的時候。它們可以實現嗎？為什麼或者為什麼不？是否應該重組目標或工作職責？

◆ 回饋

首先，有效的回饋是具體且公平的。歧義往往會導致防禦。當員工覺得需要保護自己時，他們不太可能接受需要改進的資訊。因此，構建上下文並提供具體示例非常重要。其次，你的回饋應該是有目的的和善意的。要清楚地區分非生產性行為模式和孤立事件。最後，聚焦下一步。分享在特定情況下可能做出的不同決定。你的改進建議是否可行？你對新方法有什麼想法？在《OKR：做最重要的事》一書中，約翰·杜爾寫道：「回饋是提出正確的問題 —— 強調發現更好的方法，減少對人的判斷，更多地相互發現基於我們所知道的更好的前進道路。」

◆ 認可

承認在此過程中取得的努力、精力、進步和小里程碑是必不可少的。認可傳達了員工的價值，並有助於他們在環境中的整體歸屬感。認可也應該是及時和具體的。除了回饋對話之外，還即時提供員工做得好的示例。建立感恩和欣賞的公司或組織文化並為之做出貢獻非常重要。

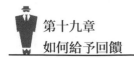

再強調一次，向員工提供回饋不一定是尷尬或不舒服的經歷。如果做得好，它可以提高士氣並提升團隊的整體績效。透過保持透明並就期望和結果進行公開對話，讓回饋過程為你服務。主動、公平和有目的地提供回饋。永遠不要錯過感謝員工貢獻的機會。

19.2
如何給同儕回饋

如果給下屬員工的回饋起碼還有上下級關係加持，那麼同儕間的回饋就更困難了。其實，同儕間點對點回饋創造了一種責任共擔、自組織、團隊合作、員工敬業度和問責制的文化。然而，如果沒有相互信任、特異性和積極意圖，這種回饋形式可能更具有挑戰性。

為了盡可能建立和維持最佳的工作關係，在同儕回饋中，重要的是要了解團隊的目標，了解你提供回饋的人的個性，並對下一步的方向有一個整體的感覺。

以下是 OKR 可以為有效和積極的同儕回饋文化奠定基礎的 4 種方式：

◆ OKR 概述了團隊的目標

每個工作日都有自己的一系列挑戰，沒有兩天是一樣的。但是，當有共同的使命和要遵循、追蹤的明確目標時，讓其他人對他們在團隊中的角色負責會更容易。目標和關鍵結果框架鼓勵每個人公開發布他們的

OKR，將每個人放在同一起跑點上，提供一種透明的方式來傳達高級別的優先事項和目標（稱為目標）以及明確的行動項目或策略實現每個目標（關鍵結果）。當你可以評估目標是否完成並進一步討論原因或原因時，提供回饋是一種更簡化的體驗。

OKR 中的錨定對話可確保參與者有不同觀點的對話不會被資歷或主觀感受等任意因素所壟斷。換句話說，OKR 確保對話更多地關注要完成的工作，而不是對個人特徵的評論。在審查 OKR 時，將回饋集中在學到的東西上變得更容易，而不是將人們挑出錯誤。

◆ OKR 有助於建立相互信任

在建立積極的工作關係之前，回饋有時會被視為人身攻擊。信任是任何回饋過程的核心要素，無論是從同事到同事、經理對員工，還是員工對經理。OKR 不僅透過鼓勵賦權，而且透過創造透明的環境來幫助建立同行之間的信任 —— 討論進展（或缺乏進展）是一種社區規範。從確定他們可能忽略或共用潛在資源的領域，到討論如何轉向更有效的策略以實現目標，OKR 創造了一種有機評估的文化。定期練習分享你的現狀（以及傾聽你的同儕的現狀），在建立相互信任方面會帶來巨大的回報。

◆ OKR 建立富有成效的對話

目標和關鍵結果不僅僅是一個要遵循的公式，它們是一個完整的框架，包括圍繞它們的互動系統。該系統的核心元件是 CFR。CFR 為更直接的問題和回饋創造了空間，並使對話專注於工作和不斷變化的輸入和輸出。它們自然地限制了由措辭不當的回饋引起的常見誤解。精心編寫的 OKR 簡化了 CFR 會議，是對 OKR 流程的有效補充。CFR 和 OKR 一起被稱為持續績效管理。

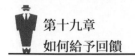
◆ OKR 有助於確定下一步

推出 OKR 為高效、以目標為導向的工作文化奠定了基礎，使審查過程不那麼個人化。有了明確定義的願景，在審查目標、評估是否達到目標、評估原因或原因以及根據學習結果調整方向時，回饋將變得流暢和透明。

同儕間點對點回饋提供了對團隊非常寶貴的額外見解、想法和觀點。如果給予得當，同行回饋可以使公司和組織變得更好。OKR 當然可以透過增加結構性、一致性和問責制來幫助簡化回饋過程。

第二十章

OKR 的適用場景

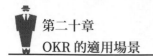
20.1
OKR 是否適用於微型企業

OKR 其實非常適合初創公司，起碼比起那些傳統的管理工具來說，OKR 可以做到小、快、靈。

一個例子就是為美國醫療健康領域帶來革命性轉變的一個生物醫藥數據公司 —— Nuna，該公司由韓裔美國的 Jini Kim 所創立，為美國的雇主和自雇人士提供了醫療索賠方面的資訊服務。Jini Kim 的弟弟是醫療保險的受益者，也在家裡幫姐姐經營這間公司。這間微型企業，在美國歷史上五十年來第一次，打造了 7,000 萬醫保系統會員受益者的資料庫。

這個專案招標的時候她的公司只有 6 位員工，是個無人知曉的蚊型公司，但是她站出來勇敢地應標，純粹因為使命感的召喚 —— 她的弟弟曾經是這個保險的受惠者。他們一家剛移民到美國的時候，弟弟遭遇重病，幸虧有了該系統的支持，弟弟康復了。她希望所有人都受惠於這個醫保系統。

她贏得了合約！隨之她採用 OKR 來管理，聘用了六十位員工，達到了合約要求的安全等各項指標，成功地按時按預算交付了專案。

此外有無數的初創企業採用 OKR 來管理，在 OKR 的支持下他們由微型企業演變成行業領袖。

20.2
OKR 是否適用於大型組織

OKR 能否用於 80,000 人規模的公司？

在大型組織中推出 OKR 的關鍵是從小處著手，從高層開始。把自己想像成一個 8 人的公司，而不是一個 80,000 人的公司，也許只是最高級別的管理人員。

從一張白紙開始，然後確定你希望在未來 90 天內看到的改變。這些是你公司範圍內的 OKR。讓這些成為你的公司在一個週期中的首要任務 —— 不要覺得你需要倉促行事。

當下一個週期到來時，評估你進展到哪裡了，如果你覺得自己掌握了竅門，讓你的部門負責人寫下他們的 OKR，注意確保它們與你公司範圍內的 OKR 一致。請記住，許多公司選擇將公司級 KR 分解到部門目標中，但這完全取決於你。繼續這個過程，直至分解到每一個員工為止。

透明度和教育是關鍵。確保公司中的每個人都確切地知道 OKR 是什麼以及你選擇實施它們的原因，這一點很重要。我們發現，以身作則是在這個新流程中獲得認可的最佳方式。這使你可以向公司闡明你的目標、期望和方法，並且你會驚訝於你的團隊將多麼願意和渴望遵循公共政策並效仿。

這個過程很可能不會完美地發生，也肯定不會在一夜之間發生 —— 對自己要有耐心！只有在感覺自然和正確時才將 OKR 層級提升到新的

水準。看到像 Google 這樣的大公司靈活高效地使用 OKR 很容易，然後問自己「他們到底是怎麼做到的？」 好吧，請記住，當約翰·杜爾向 Google 引入 OKR 時，只有 20 人在那裡工作。羅馬不是一天建成的，OKR 的高效大規模架構也不是一天建成的。

20.3
OKR 如何幫助遠端團隊

2020 年由於 COVID-19 大流行，許多上班族突然發現自己在遠端工作。更具體地說，他們被迫在家工作，為這種已經令人不安的轉變增加了一層潛在的干擾。根據最近對 CFO 的一項調查，74%的受訪者希望他們的一些員工即使在大流行結束後也能繼續在家工作。全球勞動力的這種突然中斷將使弱團隊變弱，而強團隊更強大。對於那些想要出類拔萃的人來說，他們必須拋開之前行不通的事情，將挑戰轉化為機遇。

如果沒有足夠的預防措施，當「總部」被成百上千個辦公室所取代時，溝通上的裂縫就會變成裂口。突然之間，像走進同事辦公室以快速解決問題或確認資訊這樣簡單但富有啟發性的互動不再可能。

即使在傳統的工作環境中，優先事項和責任的清晰度也可能難以捉摸。根據 2015 年倫敦商學院的一項調查，在 11,000 名高級管理人員和經理中，只有三分之一可以列出公司的三大優先事項。

「如果你告訴每個人去歐洲的中心，有些人開始向法國進軍，有些

人去德國，有些人去義大利，那不好；如果你想讓他們都去瑞士，那就不行了。」前英特爾同事吉姆·拉利（Jim Lally）曾經向約翰·杜爾解釋過。「如果向量指向不同的方向，它們加起來為零。」

抵消突然出現的數位孤島的最佳方法是制定簡單而精確的目標。如果你的團隊是第一次遠端工作，明確的目標對於生產力和士氣就更加重要。

幸運的是，目標和關鍵結果框架是一種簡單而有效的溝通優先事項和責任的方法。它們清楚地概述了公司的首要任務以及需要追蹤以確保成功的指標。OKR 還為定期進度監控和績效評估提供了一個結構。

無論你是遠端工作多年還是剛剛開始，OKR 都可以改善你公司的營運並鼓勵所有團隊成員保持工作效率。本文將重點介紹為什麼 OKR 是遠端工作的絕佳工具。

▌20.3.1 不再猜測

OKR 消除了遠端員工必須做的猜測，才能弄清楚他們公司的首要任務是什麼。如果做得好，OKR 很簡單。血汗股權（Sweat Equity Ventures）的喬治·巴布（George Babu）說，可以在短短一個小時的對話中整理出公司的三大優先事項。之後，將它們插入 OKR 格式，它們就可以以最適合公司的任何方式分發。沒有什麼是必須見面才能做的。

「進入門檻並不高，我們的 OKR 始終處於每次全體會議的首要位置。它只是在 Google 文件中，沒什麼複雜的，沒有外部工具。」巴布說。

由於它們完全透明且易於理解，因此每個人 —— 無論是在辦公室還是在家工作 —— 都應該知道公司在任何特定季度的目標。

這是一個簡單而有效的全公司 OKR 示例：

O	透過每月獲得 5,000 個軟體訂閱來達到有意義的規模
KR1	透過技術和非技術 SEO，每月 10 萬網站訪問者
KR2	根據所有網站流量，改進漏斗以實現每月 5,000 次訂閱
KR3	擴展產品和流程以支援每月 5,000 次訂閱
KR4	NPS 高於 90

■ 20.3.2 注重結果的團隊管理

OKR 不僅明確了目標，還列出了實現目標的參數。關鍵結果由團隊共同商定，即完成目標後應該取得什麼樣的成功。

下一步，團隊和個人應該擁有特定的 KR，或將其轉化為與該高級目標一致的自己的 OKR。這個過程被稱為「分解」或「階梯」。

以下是團隊或個人如何透過將 KR 轉變為他們自己的 OKR 來獲得其所有權：

O	透過技術和非技術搜尋引擎優化達到 10 萬名訪問者／月
KR1	某些關鍵字在 Google 上的平均排名前 10 位
KR2	達到平均頁面速度 1.5s
KR3	每月發布 20 條內容
KR4	將社群媒體關注者增加 10 倍

關注預期結果的另一個好處是績效不再與工作時間掛鉤。期望遠端團隊中的每個人都按照傳統的朝九晚五的方式工作是不合理的。羊群部落格（Flock Blog）建議遠端團隊「用基於結果的績效分析目標取代有缺

陷的『工作時間』生產力衡量模型。」團隊不應花時間追蹤時間，而應專注於追蹤他們是否在實現目標方面取得進展。

追蹤 KR 可以輕鬆驗證工作是否在沒有微觀管理的情況下完成，從而在主管和員工之間建立真正的信任。

艾特萊森（Atlassian）的工程經理布雷特‧赫夫（Brett Huff）表示，激勵遠端員工的最佳方式是為他們提供所需的所有資訊，以便他們就如何最好地利用時間做出自己的決定。理想情況下，OKR 就是這樣做的。因為 OKR 是一項集體承諾，所以每個人都已經就公司的優先事項達成了一致，或者至少已經就這些事項進行了討論。

赫夫說：「如果你能讓人們有內在的動力，你就不必太擔心問責制。」

20.3.3 平衡評論和對話的內置節奏

OKR 可以幫助遠端團隊建立一個節奏，以檢查他們的首要任務和團隊績效。通常，OKR 每季度進行一次評級。但是可以調整系統以適應組織的需求。如有必要，團隊可以使用月度審查節奏。

在播客 Recode Decode 的某一集中，投資者兼作家提摩西‧費里斯（Tim Ferriss）說：「我做出了很多快速的好決定，但沒有做出好的倉促決定。」

OKR 可以實現快速決策，同時可以作為預防倉促決策的疫苗。它們應該快速、輕巧、靈活且持續不斷地敲擊著每一次對話。現在是暫停、反思和提出正確問題的時候了。

關鍵是 OKR 應該定期審查，並且可以根據團隊不斷變化的需求和優先順序進行調整。這允許遠端團隊就哪些工作正常、哪些需要改進以及

哪些可以刪除進行頻繁的對話。這個過程應該使最好的想法更有可能獲勝，而不僅僅是最響亮的。由於 OKR 以結果為中心，因此它們傾向於在不同的個人工作風格之間發揮平衡器的作用。轉向遠端工作是一個很好的機會，可以找到讓公司中內向者和外向者充分參與的方法。

20.4
OKR 如何推動創新

當前紐西蘭足球運動員提姆‧布朗（Tim Brown）和生物技術工程師喬伊‧茲維林格（Joey Zwillinger）於 2016 年 3 月創立 Allbirds 公司時，他們在鞋類業務方面的經驗為零。然而在三年之內，他們就賣出了 100 萬雙鞋，估值達到了 10 億美元。

創始人將這種出人意料的成功歸因於設定超越典型收入和利潤目標的明確目標，以及僱用具有不同背景的人 —— 工程師和科學家、設計師和程式師、行銷人員和財務專業人士 —— 他們對可持續發展有著共同的興趣，這是公司使命的核心。或者正如布朗所說，「我們開始以更好的方式製作更好的東西」。

早期，該公司採用目標和關鍵結果（OKR）管理體系作為建立創新文化的一種方式，以服務於其大膽的可持續發展目標。「他們希望使用 OKR 來建立文化的願望非常強烈，」《OKR：做最重要的事》的作者約翰‧杜爾說，「它使 Allbirds 不僅僅是一家鞋業公司，而是一家環保公司。」

Allbirds 碰巧將他們的系統稱為 KIWI（紐西蘭的特產奇異果），以持續改進，這是布朗對紐西蘭傳統的致敬。「我們稱它們為 KIWI，但它們是 OKR。」茲維林格指出。

例如：一個頂級目標涉及對客戶的碳中和承諾。這意味著無論你何時從 Allbirds 購買任何東西，它都是對地球 100％碳排放中性的。支持該目標的主要結果涉及追蹤各個方面的排放目標 —— 從供應鏈到製造再到運輸到零售營運。

◆ 產品創新的 OKR

但也許創始人用 OKR 測試的最具挑戰性的任務是產品創新。對於任何公司來說，創新的過程是出了名的難以預測、控制和衡量。由於強制要求創造力如此困難，許多商業領袖將創新歸因於機緣巧合，或者他們希望獲得創新而不是在內部建立。

Allbirds 需要消除這種創新悖論 —— 如果你試圖控制它，你可能會殺死它。「我的信念是，如果你被限制在一個流程中，你就無法發揮創造力，也無法跳出框架。」茲維林格說。

但也許過程本身就是問題所在。

茲維林格對流程設計充滿熱情，他在手機上留下了經典管理大師愛德華茲·戴明（W. Edwards Deming）的一句話：「如果你不能將你正在做的事情描述為一個流程，你就不知道你正在做什麼。」對他來說，管理創新的核心涉及「階段性控制」的過程，即在從概念到最終生產的特定階段，給予新的想法、專案和材料以前進的動力。「我們創建了一個創新流程，它有階段性，然後有圍繞它的 OKR，確保我們透過特定的階段推動一定數量的產品。」他說。

這種階段性控制背後的理論是，公司為一定數量的專案提供資金，以實現每年或每兩年推出一項重大新材料科學創新的目標。「我們知道我們需要準備一些東西來實現這一目標，他們需要達到我們需要為此堅持的標準。因此，我們可以創建一個 KIWI，以符合該創新過程並確保我們處於正確的位置。」

◆ 重新發明人字拖

在 Allbirds，產品創新包括在材料科學領域的發現。儘管 Allbirds 的運動鞋採用天然美利奴羊毛（紐西蘭的代表性出口產品之一）製成，但其他公司大多數鞋子都是由石油副產品製成的。因此，鞋類和時尚行業每年向大氣排放約 40 億公噸碳 —— 約占全球碳影響總量的 8%。

由於 Allbirds 認為這種汙染是不可接受的，因此創始人在 2016 年開始為新的人字拖系列尋找替代材料，或者紐西蘭人稱之為「詹達爾」（Jandals）。

詹達爾專案歷時兩年多。「我們開始尋找更好的方法來製作它，這真的很難。」布朗說。「這不是關於更多的技術，而是關於回歸自然並尋找更可持續的材料。」該專案涉及透過階段性推進不同的材料和想法，在可持續性、經濟性以及大規模製造的實用性方面存在障礙。

最終獲勝的材料是巴西甘蔗，它生長迅速，僅依靠雨水，並且從大氣中吸收碳。「它是可再生的、資源豐富的，並且可以產生可持續的鞋底。」布朗說。由此產生的材料，它被稱為甜泡泡，也以一種提供「彈性舒適」的方式貼合你的腳。

2018 年夏天，Allbirds 推出了糖澤弗斯（Sugar Zeffers），每雙零售價為 35 美元。與大多數由乙烯－醋酸乙烯酯（EVA）製成的人字拖不同，糖澤弗斯在產品生命週期的每個階段都是環保的。

◆ 沒有圍牆或障礙的文化

　　Allbirds 的創新還包括在其位於舊金山歷史悠久的電報山社區的總部培養正確的文化。走進去，你可能會注意到的第一件事是，其 150 名員工（另外 100 多人在其零售店工作）的空間內沒有隔斷或隔間。

　　「我喜歡 Allbirds 沒有圍牆。」資深文案撰稿人里安·奧維希瑟（Ryan Overhiser）說。「從本質上講，它是完全開放的辦公室，從比喻上講，沒有等級制度。如果我有什麼想法並且我想由提姆和喬伊來運行它，那麼我就有這個機會。我不必在蛋殼上行走。」

　　為了讓每個人都朝著同一個頂級 KIWI 努力，產品設計團隊和開發團隊與可持續發展團隊密切合作。正如工程師溫斯頓·金（Winston Kim）所說，「我們的團隊很好，很舒適，就像我們的鞋子一樣。」辦公室的一個角落裡，設計師們聚集在窗戶和植物旁。「我們有品牌設計師、數位設計師和零售設計師。」初級設計師艾曼達·納普（Amanda Knapp）說。「我們都在做自己的工作，但我們喜歡互相提供最新消息，這樣我們就可以了解其他人的觀點。」

20.5
OKR 如何幫助政府數位化轉型

　　這是聖荷西市政廳使用 OKR 進行數位化轉型的真實故事，但是反應的問題絕對不僅限於數位化。

「為什麼民眾不能在週六凌晨 3 點穿著睡衣在網路上領取許可證並用信用卡付款？」資料分析師埃麗卡·加拉福（Erica Garaffo）在一篇文章中問道。對於這個問題，任何與當地許可辦公室有過不完美體驗的人都會提出這個問題，她呼籲改變美國各地市政廳的業務方式 —— 減少官僚主義，更現代，並且，最重要的是，以人民為中心。

她向政府發起挑戰，讓他們在民眾所在的地方與他們會面 ——「在電腦或行動設備上」。

作為聖荷西市公民創新與數位策略辦公室（創新團隊）的流程轉型負責人，加拉福 在過去幾年一直致力於為政府帶來這場技術革命。創新團隊成立於 2016 年，旨在實現智慧城市願景，該願景旨在使聖荷西成為美國最具創新性的城市。該計畫的目標是利用技術使城市安全、包容、可持續和使用者友好。

他們的首要任務之一是改造開發服務流程，包括升級該市的許可軟體。

◆ 矽谷智慧

至關重要者（管理顧問公司）與加拉福和聖荷西副城市經理基普·哈克尼斯（Kip Harkness）討論了他們如何利用矽谷的智慧來改善政府工作的方式，並最終改善城市居民的生活。

哈克尼斯在過去的 20 年裡一直在聖荷西的私營和公共部門工作，他稱開發服務流程是「矽谷結構不可或缺的一部分」。

任何時候在城市建造任何東西，小到在家裡增加熱水器，大到 Google 總部的擴建，都需要經過這個過程來確保安全並確保專案符合社區標準。這個過程會影響城市居民工作、生活、飲食和購物的方方面面。

　　但是，該過程可能緩慢而複雜。根據專案的不同，任何延遲都可能代價高昂。該市日本城的一個大型綜合用途（住宅和零售）開發專案直到 2019 年初才破土動工，即該專案啟動 15 年後，歷經好幾個開發商，甚至一度破產，又因為其他因素導致延誤，但該市複雜的許可和權利流程根本幫不上忙。

　　但受到影響的不僅僅是大型開發專案。對於大多數居民來說，這意味著能夠在需要時輕鬆地線上獲得熱水器等小型專案的許可。這座城市的目標是讓流程更簡單、更高效、對所有人都更友好。不幸的是，轉型兩年後，進展甚微。他們沒有可用的軟體升級。涉及的不同政府部門開始脫離接觸。

　　哈克尼斯和加拉福將缺乏進展歸因於整個組織範圍內普遍缺乏透明度和問責制。管理顧問公司高德納（Gartner）用表面上的「西瓜報告」案例來診斷他們。每個人都說專案進展順利（綠色），但表面之下的現實揭示了嚴重的問題（紅色）。

　　2019 年，在閱讀了約翰·杜爾的《OKR：做最重要的事》之後，他們嘗試了 OKR —— 畢竟他們在矽谷。

　　哈克尼斯說：「帶領團隊並賦予他們權力與技術和流程的修訂一樣重要。」

　　除了將雄心勃勃的計畫分解為可行的步驟，並為每個步驟建立明確的公開問責制之外，OKR 還幫助他們避免了「西瓜報告」。OKR 為開放、坦誠和直接對話他們正在取得的進展的文化鋪平了道路。他們學會了將失敗視為不應該隱藏的東西，而是尋求幫助或額外資源的信號。

◆ 一起編寫 OKR

　　哈克尼斯和加拉福透過編寫第一個 OKR 來指導和推動這個團隊改造，從而開始了這個過程。他們一起與參與發展服務的五個合作夥伴進

行了討論；規劃、建築、公共工程、消防和 IT；並致力於創建一套整體的 OKR，而不是為每個部門制定單獨的目標。

過去，市長通常會收到一份帶有某些目標和措施的備忘錄，城市經理辦公室會收到一套不同的措施，每個獨立的部門都有自己的一套。當個體工人實現目標時，他們根本沒有聯繫。沒有人負責確保所有這些努力協調一致地協同工作。

「有史以來第一次，我們有一個共同的鏡頭，我們讓所有部門都對其負責。」哈克尼斯說。「這徹底改變了我們的治理方式，也徹底改變了我們分配資源的方式。」

隨著團隊變得越來越一致和專注，他們的報告流程也是如此。他們現在幾乎只用一張幻燈片就可以分享他們從前線一直到市長辦公室的目標和進展。

哈克尼斯和加拉福在相關不同部門的投入下，確定了每個季度的四個目標。一半是外部目標，旨在創建簡單、自助式數位體驗和一致、清晰和有效的應用程式，衡量標準是有多少客戶可以在第一次嘗試時快速完成流程。其他目標側重於改進內部工具和團隊工作流程。

衝擊幾乎是瞬間的。OKR 成為了他們雄心勃勃的多年路線圖與他們用於日常工作的為期兩週的衝刺之間的天然橋梁。

◆ 如何取得進展

加拉福說 OKR 的簡單性也改變了他們委員會會議的性質。她說：「相互指責少了，更多地專注於討論真正重要的事情。」OKR 還使與當選官員溝通變得容易，例如取得了多大進展以及每個人接下來要做什麼等。

「我們按時發布了我們的軟體，實際上提前了一週。」加拉福說。「我

們上線時遇到的問題很少，這在我們的城市取得了重大成功。」

OKR 甚至改變了哈克尼斯本人關於領導力的想法。「這讓我意識到我對太多人的要求太多了。我認為這是我的野心和興奮的結果，但這並不能成為藉口。」哈克尼斯說。「作為領導者，我的工作是向我的團隊和員工提出更少的要求。但要確保它們是最重要的東西。」

透過致力於更少但更高品質的目標，他們在不到一年的時間內取得了比前兩年更多的成就。現在，在聖荷西市獲得專案許可證已成為現實。今年，他們推出了一個更簡單的線上入口。他們還概述了實施智慧城市願景的策略，其中包含 100 多個專案的更新路線圖。隨著每一次成功，他們離使聖荷西成為美國最具創新性的城市又近了一步。

20.6
OKR 是否適用於非盈利組織（NGO）

非盈利組織採用 OKR 的例子也很多。一個愛爾蘭搖滾明星應該跟 OKR 八竿子打不著吧？其實他也是 OKR 的受益者。保羅・休森（Paul David Hewson），天主教徒，他為一個非盈利組織「ONE」設立了非常好的目標：免除所有第三世界的不良債務；消除愛滋病母嬰傳播等，並且為此設立了關鍵結果。

起初大家有顧慮，怕人們失去熱情，怕抑制創造力等，因為 NGO 結構問題。而保羅這樣說，「你有熱情，有多熱情？你的熱情需要你做什

麼？如果心沒有找到一個完美的頭腦境界，那麼你的熱情就毫無意義。
OKR 框架培養了瘋狂，其中包含了化學反應，為我們提供了一個冒險的
環境，信任的環境，失敗並非全是冒犯。你有那種環境結構，你有合適
的人，那麼奇蹟就在你眼前！」

　　所以無論是上市公司，還是宗教組織，OKR 都適用的。為什麼不能
嘗試用在家庭、學校、醫院、政府組織呢？它雖然不是萬能，但卻是很
有力的階梯，支撐你通往夢想。

20.7
利用 OKRs 促進職業發展

　　埃里克・格蘭特（Eric Grant）在 Uber 和領英的本職工作之外，還設定
了目標，不斷學習。學習是埃里克・格蘭特的核心價值之一。他說，自己
把時間全花在了學習和學習有關的事情上。但格蘭特並不只是為了自己而
收集知識。在他的職業生涯中，他一直在分享他的知識，幫助他人成功。

　　格蘭特在領英學習擔任企業客戶的高級客戶成功經理（Customer
Success Manager, CSM）。「領英學習是一個包含數千個學習影片的目錄，
關於商業、多樣性和包容性的所有內容，不同的技術，甚至像攝影這樣
的創意庫。」他與大客戶合作，向他們的聽眾推廣領英學習。「我的工作
需要用正確的學習內容策略性地吸引人們，用這些內容為那些想要發展
職業和技能組合的人提供正確的教育。」

在來到領英之前，格蘭特是 Uber 的高級學習和發展經理，在那之前的幾年，他還在韓國首爾教英語。他將 OKR 融入到每一個關口，獲得了職業和個人的成功。

▌20.7.1 在 Uber 使用 OKR

格蘭特於 2015 年開始在 Uber 工作，先是擔任學習經理，負責團隊的培訓和職業發展，後來發展到高級學習和發展經理。Uber 利用領英學習作為其學習策略的一部分。他說：「當時，Uber 是一家小公司，但成長迅速。」Uber 的許多 OKR 都與成長有關：成長團隊，成長影響力，成長指標。他所在的一個團隊發展得非常快，似乎每個月都要翻一番，或者至少每個季度都要翻一番。「我早期的很多 OKR 都是為了跟上這個步伐，很多都是為了走向全球，我的目標之一是創造出可以大規模使用的東西，因為加入公司的人需要這種資源。」

「Uber 的績效評估還包括 T3（前 3 項技能）和 B3（後 3 項技能）。」他說：「因此，從前一次績效評估到下一季度的目標，呈現一種漏斗的形式。一般來說，在半年內，員工將他們的 B3 作為目標的基礎，以提高這些技能。」

他最早制定的衡量標準之一是非常簡單的：職業對話的數量。「我想就我的職業進行三次對話，或者從三個不同職位的人那裡得到建議。」

格蘭特還發現 OKR 在拓展他的職業生涯和幫助他人進步方面也很有優勢。當時作為 Uber 新設職位的第一批員工之一，格蘭特刻劃了職位角色定義，確定了內部流程。他管理著一個五人團隊，並且為每一位屬下制定一個關鍵結果。OKRs 也有助於工作的轉換。當格蘭特離開 Uber 時，他把一些 OKR 給了在他之後加入公司的其他員工。

█ 20.7.2 在領英使用 OKR

　　自從加入了領英，格蘭特有機會在客戶和客戶成功兩方面使用 OKR 工具。「客戶成功包括我的客戶如何使用我們的工具，如何使用他們的合約，如何使用他們所尋找的價值。」這是格蘭特第一次擔任面向客戶的角色，他覺得會有點困難。

　　跟在 Uber 時相比，現在他對自己的 OKR 失去了很多控制。「這是為他們設計的，他們的流程，他們的優先事項，當然還有他們的時間表，這增大了挑戰性，但當客戶成功時，我也收穫更多樂趣。」格蘭特也幫助產生更多價值。「他們希望在領英身上看到投資價值或回報。」

　　領英學習也有一個內置機制，幫助追蹤每週學習時間。「我試圖找到一種方式，來展示技能學習的進展和內容，但是要證明你有一項技能是很難的，特別是那些沒有評估，或者超出工作範圍的東西。」然而，他想出了創造性的方法來增加這些額外的內容。例如：格蘭特在他的工作內容之外，還為領英的利益相關者做關於公司大客戶的報告。但難點之一是資料分析。「所以我決定，作為一個關鍵結果，我想在報告中使用兩種我以前從未使用過的新圖表。」

　　他強迫自己更深入地思考他所獲得的資料和他講故事的過程，並且要用以前沒有用過的方式，然後在此基礎上進行擴展。「我找到了一個很好的方法，使用散點圖，解釋工作原理，我認為這是一個創造性的 OKR 解決方案。」

█ 20.7.3 在個人層面上使用 OKR

　　格蘭特說他學到了一個教訓：OKR 不一定要從一而終。「我認為良好的、可以自由調整的目標設定是很重要的，尤其是在像 COVID-19 這

樣大型的、改變世界的事情之後。」

有些人在設定 OKR 時有點過於鎖定，並且認為必須達到 100%。他則認為 70%～ 75%的達成度是最好的，他說他錯過的目標，最後又會出現在他的新 OKR 上。「如果你得到了百分之百，那麼你可能把它們設定得太低了。」

而且他還學到了另一個教訓。「我真的很喜歡能夠在每半年或每一年結束時回顧一下，也能看到我在制定這些目標時在想什麼，我在優先考慮什麼。」格蘭特說，「我保存了我所有的目標，可以追溯到 2015 年，所以這是我職業生涯及其發展的一個非常好的線索。」

20.8
OKR 如何幫助多元化和包容性

我們經常被問到 OKR 是否可用於幫助解決組織中的多樣性、公平性和包容性問題。

OKR 可以幫助你朝著任何你想要達到的理想狀態努力，我們強烈建議你在目標設定過程中加入多樣性、公平和包容性問題。

在 OKR 開發過程中，注意這一點很重要。否則，會導致組織成員退縮。有時，在週期性 OKR 流程中，可能會出現一定程度的緊迫性，導致團隊所創建的內容並非對每個人都有益。緊迫性會減少我們容納不同觀點的空間。

在你的 OKR 設置過程中，暫停一下。問問自己，你是否在為每個人的聲音留出空間，或者你的方向和目標是否具有排他性，或者是否使某個群體或對另一個群體的主導地位或無意識偏見永久化。

以下是你在暫停期間應該問自己和你的團隊的一些特定於 OKR 的問題：

☑ 你是否聽取了所有利益相關者的意見？是否遺忘了誰？

☑ 你是否以某種方式起草了目標或關鍵結果，以加強你需要改變的文化中的某些內容？

☑ 你怎麼能添加一個關鍵結果或調整你的目標，不僅要避免這種行為，而且要糾正它？

☑ 你在做正確的事嗎？這對所有人都有好處嗎？

讓我們花點時間來挑戰我們的假設，留出空間和時間來傾聽所有的聲音，並推動我們的組織走向公正和公平的實踐。

20.9
OKR 如何幫助銷售團隊

銷售團隊是企業的引擎。它帶來收入，通常是公司與其客戶之間的主要連繫。它也是負責公司成長的主要團隊之一。

目標和關鍵結果（OKR）目標設定系統可以吸引優秀的銷售團隊並使他們變得出色。OKR 激勵整個部門朝著相同的優先事項努力，同時仍

為個人創造力留出空間。一個團隊就他們想要實現的目標達成一致。個別員工透過為每個目標分配一組關鍵結果，來決定他們將如何工作以實現他們的目標。策略性制定的 OKR 可以建立一個高效率和快樂的銷售團隊。

一個有效的銷售團隊幫助新老客戶確定他們的需求和願望。然後，讓他們盡可能輕鬆地購買滿足這些需求的產品或服務。這是透過緊密的銷售管道和強大且支持性的銷售文化來實現的。

根據《哈佛商業評論》對 700 多名銷售經理和銷售人員的調查，50% 的高績效銷售組織報告稱其銷售流程受到密切監控和執行。他們也不怕透過積極提高年度銷售目標來推動自己。OKR 為銷售團隊提供了結構和同時擴展目標的方法。

在考慮銷售目標時，應該很好地結合輸入和輸出目標。輸入目標包括業務部門可以控制的任務和活動，例如他們撥打的電話數量、記錄他們的銷售流程或實施新的客戶關係管理系統。最終，輸入目標需要轉化為輸出結果，例如實際完成的銷售數量和產生的收入。

隨著銷售環境年復一年地不斷變化，OKR 是嘗試假設或追蹤新工具是否真正有用的工具。你可以起草 OKR，幫助追蹤針對不斷成長的 Z 世代消費者的新策略。它們可用於構建全通路體驗，讓潛在客戶可以輕鬆地在包括社群媒體在內的各種平臺上進行購買。OKR 提供了一個簡單的框架，可以根據你的業務部門的需求進行定製。

以下是一些銷售 OKR 的樣例：

O	成為該地區領先的會計軟體銷售商
KR1	占該地區會計軟體銷售額的 55%（輸出）

第二十章
OKR 的適用場景

KR2	完成銷售後一個月客戶跟進（輸入）
KR3	上個季度的客戶保留率提升了 40%（輸出）
KR4	每月產生 200 個潛在客戶（輸入）

　　銷售不僅僅是一場數字遊戲。它還涉及建立和維護與客戶的關係，即使他們的需求發生變化。你總是可以採取一些措施來改進你的業務部門，使他們更有生產力、更高效，並能適應任何行業的變化。OKR 系統提供了一個框架，可以讓你的銷售團隊保持最佳狀態。無論你是使用自上而下的 OKR 來調整你的團隊，還是需要透過自下而上的 OKR 激發創新，總有一種方法可以透過正確的目標和關鍵結果從你的團隊中獲得更多收益。

20.10
OKR 與 KPI 各自的優勢

　　這是最常提起的一個話題，每十個人中起碼有 15 次問到 OKR 與 KPI 的異同，畢竟它們聽上去有重合之處，那麼怎樣看這個問題呢？

　　有這個疑問是很自然的，OKR 是個誕生不過十來年的新生事務，它還是個不斷成長的少年，也許有一天它會變成完全不同的巨人呢！但是目前，我們只能根據少年的樣子描繪他與 KPI 的不同。畢竟，並沒有什麼法律定義 OKR 或 KPI 是什麼，但是有一系列與 OKR 和 KPI 相關的最

佳實踐和常見實踐。以下為布雷特・諾爾斯（Brett Knowles）在《權威指南》中總結的雙方優劣勢。

◆ OKR 相對於 KPI 的優勢

☑ OKR 更有目的性，有人戲稱 OKR 是「有靈魂的 KPI」；

☑ OKR 裡面的關鍵成果一般與策略目標明確相關；而 KPI 連結到流程（系統），但該系統可能具有策略重要性，也可能不具有策略重要性；

☑ OKR 每個季度都會刷新，因此為處於變幻莫測的時代的組織，提供了更多的靈活性；而 KPI 通常與年度規劃流程相關聯，在財年中間如需調整相對困難；

☑ OKR 可以在目標內使用多個 KR 來描述工作的跨職能性質，對於橫跨多個部門的策略目標很合適；而 KPI 一般將此類指標分解到各個部門，如果不是有經驗的管理者或者流程專家，很難看到跨部門的全貌；

☑ OKR 包括專案關鍵成果，很適合以專案為主要營運細胞的組織（這也是互聯網公司如此熱愛 OKR 的原因之一）；而 KPI 比較善於捕捉常規職責和產出，對於專案性的關鍵結果不一定合適；

☑ 在 OKR 系統裡，隨著策略的發展，目標會隨著時間而改變；而 KPI 會隨著時間而保持相對恆定不變；

☑ OKR 旨在聚焦我們的注意力和活動；而 KPI 旨在涵蓋組織的所有方面，無論其重要性如何；

☑ OKR 透明度較強，為所有人提供查看所有目標、關鍵結果和績效的能力；KPI 通常部署在訪問有限的特定區域儀表板中；

☑ OKR 易於理解，整個組織均有共同的報告布局；KPI 體系相對比較複雜，只有流程專家才能理解和解讀績效。

◆ KPI 相對於 OKR 的優勢

任何優勢都是相對的，OKR 相對於 KPI 也有不足：

☑ OKR 明確不包括薪酬。OKR 體系的設計不是為了解決估值或校準問題；而 KPI 體系涵蓋廣泛，與估值、導航、薪酬、校準、溝通和監管等領域緊密連結；

☑ OKR 指標是「結果」，因此很多是滯後的；KPI 包括領先和滯後指標。

這些優劣勢，隨著少年的成長，都有可能更新變化。OKR 這個工具進入我國以後，也可能會產生更加適合這方水土的演變，或許幾年後會看到更加炫目的優勢呢！

第二十一章

打造 OKR 文化

21.1
成功的 OKR 文化的基礎是什麼

「OKR 不是萬能的靈丹妙藥。」約翰·杜爾在《OKR：做最重要的事》中寫道，它們無法取代合理的判斷力、強大的領導力或創造性的工作場所文化。「但如果這些基本要素到位，OKR 可以引導你登上山頂。」

杜爾於 1970 年代在 OKR 之父安迪·葛洛夫的指導下在英特爾實習時了解了目標和關鍵結果目標設定框架。從那時起，他一直是這個簡單而強大的工具的最大傳播者。杜爾已經向包括 Google 和亞馬遜在內的一些世界上最具創新性的公司引入了 OKR。

這些公司透過利用 OKR 提供的超能力取得了巨大的成功：專注、一致、承諾以及目標的追蹤和延伸。但重要的是要了解到 OKR 無法在一夜之間改變經營不善的公司。它們不是魔法，它們需要強大、開放和創造性的工作場所文化才能扎根。

本章將提供一些指導方針，指導如何建立成功的公司文化，使 OKR 能夠蓬勃發展。

◆ 將思維與目標和創新相結合

OKR 並不意味著涵蓋公司的所有工作。它們並非旨在追蹤一切日常照舊的活動。根據杜爾的說法，他們應該追蹤「值得特別關注」的目標 —— 讓你更接近實現公司更高使命的工作。

文化之星（*Culture Stars*）編輯馬克斯·拉默斯（Max Lamers）在一篇關於高績效文化的文章中寫道：「設置 OKR 的全部原因是創造目標、協調一致並專注於實現真正推動業務在各個層面向前發展的目標。」

圍繞目標的思考和討論應該以任務為導向，而不是被充滿平凡任務的待辦事項清單所困擾。OKR 需要涵蓋你關心的主題。

例如：Google 改變了世界並取得了卓越的業績，因為它始終圍繞其使命為目標：組織世界資訊。

◆ 克服對失敗的恐懼

OKR 的最大好處之一是可以幫助公司實現最積極的挑戰性的目標。但在你能取得偉大的成就之前，你必須接受失敗的可能性。對失敗的恐懼會導致員工在沙袋中故意設定低目標以確保表面上的成功。或者更糟糕的是，他們可能會感到有壓力，於是用說謊來誇大他們的進步。

對於一家公司來說，讓他們的團隊和員工個人在冒險時感到自在，並在他們做不到的時候誠實是至關重要的。這就是為什麼我們建議將 OKR 與個人績效評估和薪酬分開。員工永遠不應該覺得他們會因為目標遠大而受到懲罰。

◆ 為有意義的對話騰出空間

拉默斯寫道：「當公司在談話中以 OKR 為中心時會發生什麼？重點轉移到互相幫助以實現每個人和每個人的使命，而不是政治和為不想要或不明確的目標找藉口。」

杜爾建議將 OKR 與 CFR 系統結合起來。

CFR 鼓勵員工和經理之間進行定期、誠實的雙向對話。這些互動應側重於進展和未來的改進。認可各種規模的成功也很重要。在實踐中，

它們看起來像是每月的一對一會議、每週簽到或每天在 Slack 上喊一聲。
選擇最適合自己公司的方法。

理想情況下，CFR 會提高員工的敬業度，並將聰明的聲音和想法帶
到最前線。

21.2
如何用 OKR 說不

前英特爾執行長安迪·葛洛夫在他的《葛洛夫給經理人的第一課》
（*High Output Management*）一書中寫道，「一些精心挑選的目標，傳達了
我們對什麼說『是』和我們對什麼說『不』的明確資訊。」葛洛夫的學生
和著名的風險投資家約翰·杜爾將這種洞察力稱為「專注」。

高效的組織利用專注的超能力來確定策略優先順序。這一切都始於
承認沒有任何一個部門可以做到這一切。在你的組織範圍內，這裡只有
這麼多員工、投資和工作時間。專注是確保你將所有資源用於能夠產生
最大影響的工作（不僅僅是「最安全」的工作）的紀律。

說「是的」很容易。當你不得不對一個過於熱心的老闆說不或與舊
的思維方式背道而馳時，挑戰就來了。幸運的是，OKR 提供了一個公平
透明的框架，可以基於已經達成一致的集體承諾來拒絕。如果它不符合
公司的目標，那就是不 —— 不需要額外的解釋。

說「不」的自由對於任何高績效團隊來說都是必不可少的。這裡有
一些組織已經了解到提升效率的關鍵是在必要時說不。

◆ 案例一　學生社團的故事

　　近年，KGI 密涅瓦大學的學生體驗團隊在說不方面取得了突破性進展。

　　該大學的學生體驗團隊負責將學生在課堂上學到的知識與現實世界連繫起來。每年，他們都會舉行名為座談會的活動，將來自不同領域的專業人士與學生聚集在一起，共度一個有趣而鼓舞人心的社區建設之夜。起初調查他們邀請了多少專業人士似乎很自然，但在討論他們的關鍵結果的衡量標準時，團隊意識到光調查被邀請參加每個活動的專業人士數量是不夠的。

　　他們發現最重要的指標是成功獲得實習和指導的學生人數。儘管研討會很有趣，但它們並沒有帶來團隊所知道的對學生的長期成功至關重要的經驗。「在我們的團隊中，可能會有創造事物的願望，因為它們真的很酷或鼓舞人心，但它們不一定與我們的使命相關。」學生體驗團隊的負責人王邁克（Mike Wang）說。

　　由於他們承諾的 OKR，他們決定不再在學校營運的所有七個城市舉辦該活動。相反，他們計劃與學校的職業發展團隊更緊密地跨部門合作，以策劃更有可能為學生提供機會的專業合作夥伴。

◆ 案例二　乙方的例子

　　知道何時說不並不總是像密涅瓦那樣清楚。通常，它實際上看起來有悖常理。在《OKR：做最重要的事》一書中，作者分享了 Remind 的故事，Remind 是一個通訊平臺，允許教師以安全的方式向學生和家長傳送訊息。它由布雷特和大衛·科普夫（Brett and David Kopf）兄弟於 2011 年創立。

　　在過去幾年中，他們的 APP 在返校季期間在 iOS 和安卓應用程式商

店排行榜中均排名第一。但是排名第一需要同時關注品質和參與度。

多年來，教師們提出要求最多的功能之一是能夠定期傳送一條重複的訊息。但透過討論，全公司的 OKR 是改善與學生和家長的互動。因此，整個 Remind 團隊很清楚，他們無法在該週期內投入工程時間或資源來投資構建老師們要求最多的那項功能。

「當我們的回答是 No 的時候，我們決定擱置這項功能 —— 對於一個以教師為中心的組織，這是一個艱難的決定。」布雷特・科普夫說。「如果沒有我們新的目標設定紀律和重點，我們可能無法站穩腳跟。」

OKR 是防止根深蒂固的習慣和偏見的重要保障，但它們也是澄清角色的有用工具，甚至提供一個明確的框架來有效地抵制領導力。

◆ 案例三　CEO 的故事

23 與我（23andMe）聯合創始人兼執行長安妮・沃西基（Anne Wojcicki）表示，OKR 甚至可以幫助她的團隊控制她。作為 CEO，她希望盡可能多地支援她的團隊，甚至曾經提出要親力親為學習如何編碼，但他們的回答是很明確地拒絕。

我們都知道領導者願意在接到通知後立即介入並提供幫助 —— 但 OKR 使得她的團隊向她保證，當時她能為他們做的最好的事情，就是集中精力招聘以填補公司的人事空白。

在接受採訪時，沃西基說有 OKR 比沒有 OKR 時更容易說「不」。「因此，對於決策制定，尤其是在團隊層面的決策制定，人們可以對碰到的一個機會說『不』，我們不會為此而努力，因為它不是 OKR 的一部分。」沃西基說，「我們聽到了，它已經成為我們這座辦公樓語言的一部分。」

21.3
沙袋現象：故意壓低承諾並超額交付

「沙袋」意味著故意壓低承諾並超額交付。這是無數組織和團隊的壞習慣。儘管在推動成長和股東價值方面面臨著巨大的壓力 —— 以及顛覆傳統市場的崇高目標 —— 沙袋現象依然存在。它表現在產品開發乏力和客戶服務欠佳。它會轉化成表現不佳的團隊和不知所措的客戶。

這樣的事比比皆是。當軟體發布生命週期只提供電腦特性而不是真正的競爭差異時，沙袋是罪魁禍首。當市場由眾多供應商之間幾乎沒有區別的產品所定義時，就會出現沙袋。當員工建立的個人目標與高層管理人員的上市策略相去甚遠時，他們可能是在自欺欺人。簡言之，沙袋一直普遍存在。

這是人類的生存本能 —— 盡可能少地完成一項任務。當生存是目標時，努力的效率是必要的和實際的。但正是生存本能（由於害怕後果而傾向於低目標），導致了沙袋或承諾不足。

21.3.1 目標高遠並超額交付

目標設定和沙袋之間的關係很緊張。目標可以為沙袋打開大門，即使它們的目的正好相反。當最佳實踐成為你最大的敵人時，你必須停下來重新評估，將獎金與目標連結的做法就是一個例子。考慮 SMART 目標設定框架，其中「A」代表「可實現」。SMART 目標因其衡量和支援

整體業務目標的能力而被普遍接受。可實現的目標也是「衡量重要事項」中 OKR 框架的一部分。它們類似於作者約翰·杜爾所說的承諾型目標。

承諾的目標通常與銷售和收入目標等指標相關聯。它們是必須在 OKR 週期內完全實現的目標。承諾的目標是必不可少的,因為它們有助於衡量實現更高級別理想目標的進展。承諾的目標仍然需要代表結果的一些變化,例如業務成長,而不是一切照常。

另一方面,雄心勃勃的目標涉及更高的風險並且更具挑戰性。它們可以來自任何地方,通常需要全公司範圍的動員才能實現。當在 OKR 框架內建立理想目標時,鼓勵過度承諾而不會受到懲罰。設置更高的標準可以激發並推動新的思維。理想目標的失敗率更高。

在《造車人與財務人》(*Car Guys Vs. Bean Counters*)中,通用汽車前副總裁鮑勃·盧茨(Bob Lutz)說明了公司如何透過狹隘地關注可實現的目標而忽略了核心的理想目標 —— 製造人們想要駕駛的偉大汽車。

這些目標範圍很廣,從「增加市場占有率」、「減少每輛車的組裝時間」和「加快上市時間」到「實現多樣性目標」和「減少 LTI(高級管理人員)數量」。在這個宏偉的目標中間的某個地方寫著「實現卓越的產品」。……在螢幕上,是通用汽車問題的核心:「產品卓越」只是公司應該努力的 25(或 36)件事之一。

當你將目標限制在增量的、不起眼的或僅可實現的目標上,然後採取額外的步驟將績效評估和薪酬連繫起來時,就會創造一種環境,獎勵員工的壓低承諾和沙袋現象。帶領這家陷入困境的汽車製造商扭虧為盈的盧茨對此很熟悉。

一位 VLE(車輛生產線主管)在「一對一」時間來看我並帶來了他的記分卡。他確保我明白他已經達到或擊敗了每一個目標。「賣得怎麼

樣？」我問。「嗯，真的沒那麼好。關於它的新聞很糟糕，公眾沒有熱情。但我不能為此負責。我得到了我的數字目標，每個人都簽了名，如果我全部實現了，那就是成功！」

正如杜爾指出的那樣，當目標與薪酬連結時，員工開始防守並停止努力。簡言之，他們是沙袋。當團隊認為可以不改變他們目前正在做的任何事情就實現 OKR 的目標時，就會存在陷入困境和承諾不足的風險。

目標是具有一定高度並且可能無法實現的，這一點至關重要。只有這樣，團隊才能提供有競爭力的產品和卓越的客戶服務。

OKR 的目的是推動卓越的成長。OKR 可以幫助你擴展 —— 並且，如果它們是有難度的，可能會過度交付。從本質上講，它們必須令人不舒服並且可能無法實現。當員工承諾不足和表現不佳時，當產品發布未能激發顧客購買欲或與眾不同時，問題往往根源於一開始設定目標的方式。

■21.3.2 共用的目標導致客觀的目標

雄心勃勃的目標是指導團隊努力的標杆，它們也是應對表現不佳的絕佳工具。當員工行為破壞理想目標時，OKR 和 CFR（對話、回饋和認可）闡明了重新調整的路徑。專注於產品卓越的工程團隊可以朝著競爭差異化的共同目標努力：

O	在我們主要市場的考慮範圍內獲得產品優勢
KR1	將一項獨特的技術功能推向市場，使我們在頂級客戶群中的保留率翻倍（即簡化管理、降低 CPU 利用率、提高安全性、簡化集成）
KR2	位於高德納魔力象限挑戰者部分曲線的前三分之一

這有助於領導者和團隊為實現高層次的理想目標而努力。它有助於標記與創造真正的競爭差異化目標不一致的努力。當團隊的努力與每個人都同意的理想目標保持一致時，朝著該目標取得的任何進展都是一種淨改進。

21.4
OKR 實施中途突遇首要任務轉變

有一位領導人寫郵件諮詢 OKR 專家：「假設我們為特定季度設置了 OKR，並明確同意因各種原因 ×× 專案不作為優先事項。然而，在本季度開始的 3 或 4 週後，事實證明我們誤解了限制條件，並且情況發生了變化，因此 ×× 專案確實應該成為我們的首要任務。我們如何透過 OKR 系統處理這種突然的優先順序變化，而不是將我們季度的 OKR 扔向窗外（並冒著完全放棄 OKR 系統的風險）？」

以下是專家的回覆：

你的擔憂是絕對有理由的，也是我們經常聽到的。在過去的一年裡，我們都與『變化女神』成為了真正的好朋友，不是嗎？你和你的團隊順其自然並願意適應這很好！

優先順序的突然變化絕對需要重新審視你的 OKR。畢竟，OKR 是你的首要任務，因此兩者應該自然而然地一起成長和轉變。請記住，OKR 是可修改和可修正的；它們應該代表你當時希望在公司中看到的成長和

變化。如果你無法控制的事情發生了變化，或者你更加了解激進的現實目標應該是什麼，請隨時將這些 OKR 刪除並編寫一些新的！

但是，「不要將嬰兒與洗澡水一起倒掉」。雖然對 OKR 進行徹底改革肯定是一種選擇，但沒有必要完全從頭開始。如果你擔心失去業務、公司士氣低落，或者只是不想重新完成整個流程，也許有一種方法可以簡單地重新編寫 OKR，以更好地反映你對優先事項的新理解。根據你的情況，考慮添加額外的 OKR 或從感覺優先順序較低的目標中刪除一兩個 KR。建議就此諮詢你的團隊，他們會非常了解進步的真正障礙。

我們明白，當領導者經常改變優先事項時，很容易對 OKR 感到沮喪。這就是為什麼重大的變化要伴隨著開放和誠實的團隊對話很重要。你的大方向仍然保持一致嗎？新的 OKR 如何與之相關聯？如果你的北極星發生了變化 —— 它是永久性的嗎？公司的某個部門目前是否需要更多支援？其他團隊如何使用 OKR 應對這一挑戰？由於新的 OKR，團隊是否需要權衡利弊？與往常一樣，我們建議充分利用 CFR 與你的團隊連繫，以確保每個人都在同一步調上。

請記住 —— 你絕對不是第一家需要匆忙做出重大改變的公司，當然也不會是最後一家。SciNote（一款線上實驗室筆記本）和 Light for the World（國際殘疾和發展組織）等公司都成功地利用 OKR 進行了相當大的轉變，並因此變得更加強大。事情會發生變化，OKR 也可以提供幫助。

21.5
截止日期本身是好的目標嗎

有位客戶寫郵件給 OKR 專家:「我接手了一個大約 100 人的半導體開發團隊,正在嘗試實施我們的第一組 OKR。最近,由於管理層和客戶的抱怨,我們發現自己面臨著專案耗時太長的問題。我們設定了減少專案開發時間的目標,現在我想將其轉化為 OKR。這作為一個目標來說如何?我們的目標是在 24 個月內完成專案。我對這個目標(少於 2 年)是否真的是一個很好的目標,或者它作為一個關鍵結果是否不會更好地發揮作用有一些疑問。對我來說,它看起來非常可衡量並且『像工程一樣』。對於這種情況該如何處理?截止日期是好的目標嗎?」

OKR 專家回覆:

非常感謝你的來信。我很高興看到你在半導體團隊中實施 OKR。OKRS 實際上是由葛洛夫在 1970 年代創建的,目的是「粉碎」微晶片市場,所以我的朋友,你在一個很好的公司裡。

你的查詢提出了一些關於 OKR 與截止日期之間關係的非常重要的問題。主要是,截止日期是好的目標嗎?這裡有一些關於這個主題的想法。

你的問題是無數團隊以前面臨的問題:客戶和管理層認為專案耗時太長。當然,最明顯的解決方案是更快地完成你的專案。然而,以最後期限為目標,你實際上是在告訴你的團隊,他們的主要目標、他們的目

的以及你們都在那裡的原因是「工作得更快」。記住，你的目標應該是一個深刻的個人和鼓舞人心的目標陳述。如果你願意的話，也可以是一個團結的口號。將任意日期作為你的目標，只能在非常有限的程度上激勵你的團隊。讓我們深入挖掘一下。

你能找出在接下來的 90 天內可以專注於改進的問題嗎？造成這種生產力滯後的障礙是什麼？也許你的審批流程有太多層次。也許你的團隊成員需要更好的托兒支援或缺乏足夠的遠端工作設置。你對假設的了解越清晰，你的 OKR 就越有效。

另一個問題：你所有的專案都花太長時間了嗎？我們知道並非所有專案都是平等的（有些可能需要更多的生產時間，有些可能需要更多的設計等等）—— 全面減少開發時間是否對所有部門都有幫助或者是有必要的？更重要的是，你的團隊能否在這個新的、縮短的時間範圍內實際交付相同品質的產品？管理層可能需要更頻繁地更新團隊的進度或深入了解可以「快速追蹤」的內容。

亨利·福特曾說過一句著名的話：「如果我問人們他們想要什麼，他們會說更快的馬。」他能夠考慮客戶的需求（更快的馬匹），以確定他們需要什麼（更好的出行方式）。當你找到團隊「更好的出行方式」時，你就找到了目標。

21.6
OKR 結束微觀管理

你是否曾為控制欲強烈的人工作過？不僅想控制他們自己的工作，還有其他人的工作？

作為一名領導者，很難忽視決定你的團隊每個季度需要做什麼並確切定義他們將如何做的衝動。也許在你看來，直白地說明需要做什麼更有效率。或者，對你來說，感覺就像自己有責任為他們決定團隊的關鍵結果。

如果你發現難以放權，OKR 可以提供幫助。

一個普遍反對意見是，「我需要知道發生了什麼，這樣我才不會完全迷失」。一些領導者將詳細的指導視為個人對組織承諾的表現，但正如約翰所說，「微觀管理往往是管理不善」。領導者不能也不會什麼都做。

OKR 鼓勵公開和頻繁地交流最重要的進展。如果使用得當，它們有助於在團隊與其領導者之間建立信任。

如何用 OKR 成功放權？

◆ 不要先入為主規定 OKR

「過度管理」的傾向不僅會影響正在生產的工作的品質，還會損害團隊接受 OKR 的方式。當控制型領導者在將 OKR 傳遞給他們的團隊時過於規範時，就沒有為個人貢獻者的輸入留下足夠的呼吸空間。

Fictive Kin 的創始人兼 Lager 的聯合創始人卡梅倫·科克松（Cameron Koczon）將創建待辦事項清單 OKR 的「命令和控制」領導者稱為「OKR

的邪惡弱點」。當團隊有空間弄清楚他們將如何實現目標時，他們的表現會更好。經理的工作是設定指導而不是規定行動的目標。

◆ 將關鍵結果與工作計畫區分開

OKR 不是待辦事項清單。如果你想要一個萬能的待辦事項清單，使你可以追蹤團隊進行的每項活動，它根本不存在。OKR 是你的團隊在該週期中關注的前 3 ～ 5 個優先事項。你定義的關鍵結果可幫助你衡量是否在重要的措施上取得進展。

◆ OKR 會議用於追蹤進度而不是具體活動

我們建議你透過快速的 OKR 簽到來開始你的團隊會議。使用這些來促進無判斷的問責制。如果有人陷入了羅列具體活動的陷阱，請重新引導他們討論進展。如果進展沒有達到你的預期，請制定計畫以使 KR 重回正軌，然後迅速轉移到下一個 OKR。

◆ 經常報告進展

不要等到週期結束才報告進展。在工作和生活中，事情很少會完美地按計畫進行。OKR 是一種早期檢測系統，應該為你的日常行動提供資訊。他們會立即告訴你需要將注意力集中在哪裡，這樣你就有最大的機會實現目標。

◆ 付諸實踐

領導者想要結果。但從長遠來看，加強對團隊的控制很少奏效，而且不能大規模複製。可以考慮使用 OKR 來助力。

OKR 不是一直試圖追蹤所有事情，這是壓倒性的和低效的，而是讓你專注於領導：提供方向和航點。OKR 可以作為預警信號，提示哪些地方需要更多關注，哪些關鍵結果需要磨練。

管理者知道他們團隊的目標是透明且清晰的，這讓他們高枕無憂。每週一次的團隊簽到和一對一會議中的更深入的介入，能幫助他們放手。

21.7
為什麼我們不能每週為 OKR 評分

在這個章節中，我們將深入探討「簽入」OKR 與「評分」它們之間的區別。

▊21.7.1 常見的 OKR 回顧問題和標準

每週一對一對話是鼓勵更深入對話、徵求回饋和提供認可的絕佳空間。我們喜歡將一對一對話稱為 CFR（對話、回饋和認可）。這些對話不僅僅是你典型的狀態報告。

常見的 CFR 問題包括，你的 OKR 進展如何？是否有任何阻礙因素阻止你實現目標？根據不斷變化的優先順序，哪些 OKR 需要修改（或附加或刪除）？

當這些問題在對 OKR 評分之前很早就被提出和回答時，我們會被告知我們是否正在採取正確的行動，或者我們是否需要改進它們。

這種「使其重回正軌的行動」就是審查的全部內容，也是與對 OKR 評分的根本區別。雖然 CFR 至少每週都有最好，但在每個 OKR 週期內，討論 OKR 的正式會議應該定期（即每季度）舉行。

在坦誠的談話中，我們不加判斷地審查 OKR，團隊不用擔心受到懲罰。用這種方式改變團隊，因為它強調成功的真正要素：培養技能和幫助人們交付。做好 OKR 是對最重要的事情的集體承諾。

團隊在審查遇到危險甚至目標或關鍵結果瀕臨滅絕時，重點是如何相互支持向前推進，而不是如何滿足 OKR。追蹤本身是次要的，開放的、持續的、有意義的對話會讓團隊在這個週期中適應，在下一個週期中表現得更好。你希望鼓勵團隊共享，尤其是在未實現目標的情況下。評論越是關注團隊學習而不是個人表現，團隊就會越早開始朝著大膽的目標努力。

21.7.2. 進行評分會刺激新的 OKR

另一方面，對 OKR 進行評分是關於判斷特定目標的表現的對話。與面向對話的評論不同，對 OKR 進行評分是一個二元過程：「目標是否實現」。

這種方法提供了目標的交付或未交付的簡明、經驗證明。如果團隊一直在定期審查 OKR，則評分過程很可能會很快且不會出現意外。這是因為對 OKR 進行評級的主要目的是為下一個 OKR 週期制定新的 OKR 提供動力。

在快速對 OKR 評分後，是時候進行反思了。重要的問題包括：如果我們實現了目標，是什麼增加了我們的成功？如果我們沒有做到，我們遇到了哪些障礙？而且，如果我們要重寫目標，我們會改變什麼？

整個過程可以與你的團隊在白板前或使用 OKR 軟體完成。

這些問題為為下一個週期設置 OKR 奠定了基礎，可以扼殺沙袋現象並鼓勵更多的雄心。正如賴利・佩吉所說的那樣：「如果你設定了一個瘋狂的、雄心勃勃的目標卻沒有實現，你仍然會取得非凡的成就。」

21.8
如何獲得團隊的支持來做 OKR

有讀者向 OKR 專家提問:「我的團隊最近決定實施 OKR。有幾個人很高興有一個具體的、簡單易用的方法。同時,他們害怕 OKR 會議和報告可能帶來的額外負擔。你是否有任何關於如何整合或引入 OKR 的提示,以便員工不會覺得這將增加很多額外工作?」

專家回覆:

這是一個很好的問題,也是我們經常收到的問題。我們團隊完全理解有些人對啟動 OKRS 的猶豫 —— 嘗試新事物很難!不過不要害怕,因為我在這裡有一些想法可以幫助緩解你團隊的擔憂。

首先,讓他們知道 OKR 如果做得好,其設計本意旨在讓他們的生活更輕鬆。聽說過「更聰明地工作,而不是更努力地工作」這句話嗎?一個有效使用 OKR 的團隊是高效能和專注的。我們常常在不重要的事情上花費太多時間,而以犧牲更重要的事情為代價。OKR 的目標不是給你的團隊額外的事情做,它只是一種使你需要完成的工作更加清晰的方法。換句話說,OKR 不是額外的工作,而是工作本身。

你是如何向你的團隊介紹 OKR 的?你覺得你設定了正確的基調嗎?你想獲得團隊的信任。重要的是,他們知道 OKR 不僅僅是高層人員強加給他們的一項任務,目的是讓公司賺更多錢。它們是一組工具,將使每個人都能做出最佳選擇以實現大局目標。從上到下,OKR 幫助你的組織

作為一個團隊工作而且權力歸於團隊。

　　另外，你的團隊是否有適當的支持來盡其所能執行 OKR ？每個人都完全了解 OKR 以及公司決定使用它們的原因嗎？提前做一點教育工作很有幫助。

　　隨著時間的推移，它確實會變得更容易。你的團隊第一次編寫 OKR 時，他們可能很想把頭髮拔光。但是，透過一點點練習和適當的指導，它們很快就會變成精益求精的 OKR 機器。設置 OKR 教練，從頭到尾指導團隊完成整個過程，並且能夠回答可能出現的任何問題。這個人可以是你或者團隊成員。

21.9
如何鼓勵領導者採用和使用 OKR

21.9.1 如果你的 CEO ／高級領導層沒有參與到這個過程中，你能實施 OKR 嗎？

　　這很難，但並非不可能！無論你的職位是什麼，或者你從事什麼樣的工作 —— 媒體、政府、非營利組織、醫療保健等 —— 你都不需要為自己或你的團隊申請使用 OKR 的許可。領導力可以發生在你組織的任何地方。這一切都始於這樣一個問題：「我的號召力是什麼？」

◆ 案例分享：政府醫療網站 HealthCare.gov

早在 2013 年 10 月 HealthCare.gov 陷入危機時，美國前副技術長萊恩‧潘查薩拉姆和他新組建的團隊迅速設定了目標：確保盡可能多的人可以參加醫療保險。

在災難發生三週後，仍然有爭議的是保存或者廢棄網站更好。小團隊知道專注於正確的目標是他們扭轉局面的最佳機會，他們一起提出了一個簡單的目標：為絕大多數使用者修復 Healthcare.gov。

他們從未請求過使用 OKR 的許可。他們從未對同事、承包商或其他政府雇員使用「OKR」這個詞。但他們確實為成功設定了明確的基準：

☑ 確保 10 人中有 8 人能夠使用該網站進行申請（從 3 人增加到 8 人）
☑ 將回應時間減少到 250ms 以內
☑ 獲得 0.1%以下的錯誤率
☑ 將網站正常執行時間從 42%提高到 99%

起初，他們衡量進度所需的資料並不容易獲得。但他們構建的工具為他們提供了關於真正進展情況的重要見解。「每一個決定和修復的每一個錯誤，都必須讓更多的人得到醫療保健，這是一種專注於最重要的事情的絕佳方式。」萊恩說。

雖然可能沒有其他人稱它們為 OKR，但這確實是用它們來構建討論並確定工作的優先順序。

■ 21.9.2 有什麼方法可以讓不情願的 CEO 相信 OKR 適合本公司？

建議將 OKR 與你的 CEO 熱衷的事情連繫起來。無論是品質、參與度、滿意度（等），你都可以透過 OKR 來加強它。為了稍微拓寬它，建

議總體上做一些「教育」工作。儘管 OKR 非常流行，但我們不能假設所有高管都知道並理解該模型。並不是每個人都知道 OKR，為他們提供最好的學習工具，對於支持和採納非常重要。

如何讓不情願的 CEO 變得情願，也取決於 CEO 的主要驅動因素。有些 CEO 純粹是注重結果，有些則是為了更了解外部類似的領導者或組織正在做什麼，盡可能分享與個人 CEO 和個案相關的內容來引起他的重視。例如：轉型已成為更大的驅動力。

讓不情願的 CEO 變得情願，可能很棘手，但哪個 CEO 不希望有更好的方式來調整和激勵團隊實現目標？

21.9.3 一旦你的主管同意使用 OKR，你怎麼知道他們真的致力於它？

執行長（和其他人）透過使用 OKR 來表現承諾，從設置 OKR 到跟進、宣傳都是使用。一個有趣的事實：85% 的管理團隊每個月討論策略的時間不到一個小時。而推行 OKR 可以改變這一點！

我們通常會在最初的幾次會議中看到領導層的支持。一旦我們為組織設定了年度和季度目標，他們就會開始真正看到調整的發生並有一個喊「哇」的時刻。此外，一旦結果開始出現，我們就會看到他們真心認可，那種喊「哇」或「啊哈」的時刻真是太棒了！

很多採用 OKR 的公司都看到了這一點，它是完全變革性的。清楚、簡單地陳述基本要素並透明地追蹤進度，可以將團隊強而有力地凝聚在一起。

21.9.4 如果你的 CEO ／執行發起人離開公司，你如何確保你的 OKR 計畫保持原狀

　　這種情況下展示成功至關重要，我們建議將你的 OKR「品牌化」。例如「×× 公司（你的公司名稱）績效系統」。這通常表明它已經隨著你的營運方式在你的文化中根深蒂固。另外，確保你擁有完善的關鍵角色，包括：作為常駐主題專家的 OKR 擁護者，以及整個公司內繼續分享 OKR 成功經驗的一組 OKR 大使。

　　理想情況下，你的 OKR 計畫不應該因為座位變化而輕易拆除。但如果發生這種情況，可以讓一個已經充滿熱情並熟悉該計畫的人作為執行發起人介入。

　　希望在這一點上，整個組織已經接受並希望繼續執行該計畫。如果你獲得了整個組織的支援，這就不會成為問題。這在很大程度上取決於整個計畫的成功。當一家公司成功實施 OKR 時，它就會成為文化的一部分，而不再依賴於單一的冠軍或最高管理層團隊。

　　一言以蔽之，我們相信領導力必須支援 OKR 才能讓他們發揮作用。然而，正如保羅所說，試點是一個很好的入門方式。我們建議首先專注於設置好的 OKR，並在組織中深入推廣之前將 CFR 放在正確的節奏上。在公司中實施 OKR 需要耐心、韌性和靈活性。但是，透過正確的策略和正確的工具，你可以證明 OKR 可以為任何願意嘗試的公司增加難以置信的價值。

第二十二章

OKR 實施的真實故事

22.1
SciNote 公司把 OKR 與策略思想結合

◆ 以正確的指標為導向，以行銷部門為試點，加速科學研究

　　對普通人來說，科學過程可能看起來很簡單：提出一個問題，測試，得到答案。但是當涉及到合作、資助和結果發表時，科學家必須能夠檢索任何可能需要的資料。在發表的科學結果中，使用的科學資料需要包含所有支援性的原始資料、注釋、日期，以及實現和發表結果過程中的所有細節。

　　在接受權威雜誌採訪時，SciNote 公司的 CEO，克萊門‧祖潘契奇（Klemen Zupancic）回憶說，他在做自己的第一個專案時感到不堪重負。「我的主要資訊來源是一位同事的紙質紀錄，我需要接上他的工作，但他的手寫字體很難辨認。」祖潘契奇說：「因此，理解他的資料和他組織檔的邏輯本身就很困難。」在意識到誤解原始資料這一問題普遍存在後，祖潘契奇認為有必要創建 SciNote 公司。這是一個基於威斯康辛州的開源電子實驗室筆記本，用來幫助科學家管理他們的資料。

　　而且，需要收集的資料太多了。現如今，科學家們每週都會產生越來越多的資料，以指數形式成長，而紙張已經無法容納所有的資料。

　　SciNote 公司知道實驗室對資料的管理效率很低。於是祖潘契奇著手開始想辦法幫助科學家不僅能夠檢索任何所需資料，還能將其與其他實驗室的研究相互參照。

為了讓研究人員從資料中解脫，SciNote 公司希望成為實驗室數位化轉型中最值得信賴的品牌。為此，除開實質轉型工作，SciNote 公司還需要擴大信任。這是一種文化的改變，是所有目標中最大的那一種。他們需要一個可靠的執行步驟。

◆ 一個全球合作工具

緹‧帕夫萊克（Tea Pavlek）是一位訓練有素的科學家，也是 SciNote 公司市場部副總裁。作為一個狂熱的登山者，她經常制定大膽的目標。她常把攀登高峰比喻為研究和生活。她在一次採訪中說：「如果你想達到山頂或某個山口，你需要內心深處的驅動力，一些你相信的東西來做到這一點，這就是你明確的目標。」

帕夫萊克知道同步合作對研究人員很有幫助，而且因為擔心出現故障，科學研究往往在接受電子資料紀錄和收集方面進展緩慢。她讀過約翰‧杜爾的《OKR：做最重要的事》一書之後大受啟發，並在 2019 年底在行銷部門試行 OKR。

在幾個月內，該團隊發現，僅僅將網站的流量翻倍並不能說明關鍵問題，因為它不一定能提升內容的採用率。為什麼呢？正如帕夫萊克所說：「品質遠比數量重要，我們要更準確地定義『流量翻倍』，我們希望增加我們網站的新訪客和跳轉量，這是我們新的主要目標的關鍵結果之一。」他們將目標重新規劃為「一個高績效的網站」。

「這個重新定義現在看來很明顯，但在當時其實很難。」她說。

當時正是疫情的萌芽階段。透過反思，帕夫萊克意識到，行銷團隊的目標設定不足以對抗這個歷史時期或公司自身面對的挑戰。

隨著世界各地的實驗室被迫改變運作方式，數位化和遠端合作流程成為當務之急。第一個目標是為需要將工作過程數位化的科學家提供高

品質的資訊。帕夫萊克開始思考:「我們如何服務正在尋找解決方案的人,提高我們網站的價值?」

由此,他們開始關注工作方式的轉換,這反過來又改變了他們對內容的態度。正如帕夫萊克所解釋的:「世界正在向數位化發展,對於許多實驗室來說,這是一個需要解決的大變化。我們首先要知道數位化轉型意味著什麼,如何接近並實現它,以及實驗室如何形成自己的策略、選擇自己的軟體。」

一些策略 OKR 的改進很簡單,比如關鍵結果的修改,關注點從「投入」被改為「結果」。例如:SciNote 公司從關注創建「X 數量的網路研討會」到創建「X 數量的網路研討會導致 Y 數量的預期跟進」。

這種更精確的關注非常有用,SciNote 公司在第一季度末實現了預期。成功促使他們擴展目標,以便更好地滿足研究人員的最直接需求。

帕夫萊克補充說:「我們在第一季度末將每月的網站轉換率提高了一倍,在第二季度末提高了兩倍,今年第四季度的轉換率高到去年的這個時候我們都不敢想像。」

SciNote 公司成功的關鍵在於,他們會對 OKR 不斷評估、透視和升、降級,直到團隊達到合適的工作狀態。因此,當團隊了解到什麼是真正重要的時候,他們能夠及時完善目標。

「我們喜歡這個 OKR 系統還有一個原因,目標並不是一成不變的。」帕夫萊克說。「當人們意識到目標有改進空間時,就不該再盲目追隨了。」

每當有人透過研究或分析或看指標或數字注意到時,SciNote 團隊就被授權進行 OKR 策略的改變。他們可以說:「我們確實把它放在 OKR 中了,但這是之前的決定,現在我認為這不是最佳目標。」帕夫萊克說,人們在改進現有的 OKR 系統的同時,應不斷質疑關鍵結果甚至是目標。

◆ 新的方向

根據布里斯托爾大學兒科教授亞當‧菲恩（Adam Finn）的說法，新冠疫苗進展迅速而研究人員竟沒有偷工減料的一個主要原因，就是數位化。在為《衛報》撰寫的一篇專欄文章中，芬恩說，拋棄傳統的紙筆紀錄是有幫助的，數位化的好處是即使在收集資訊的過程中，你也可以立即進行分析。

SciNote 公司非常清楚這一點。他們重新定義了行動目的並保持與目標一致，以此應對疫情的挑戰，甚至贏得了那些以前喜歡紙上談兵的研究人員。有了正確的進展衡量標準，SciNote 公司能夠以小團隊戰勝全球危機 —— 將「好主意」與「幫助我們實現 OKR 的好主意」區分開來。帕夫萊克說，其效果「妙不可言」。

22.2
Paperless Post 公司如何幫助團隊制定良好的目標

有些讀者肯定體會過收到紙質活動邀請的那種興奮。在我們翻閱一疊平凡的帳單時，看到浪漫的婚禮邀請函、參加週年聚會或嬰兒洗禮的請柬或畢業通知，總是驚喜不已。

雖然技術已經大大減少了實體信件的數量，拯救了數以百萬計的樹木，但 Paperless Post 公司卻可以幫助我們保持收發紙質邀請函時的興奮感。

　　Paperless Post 公司為各類活動提供線上邀請函定製服務，包括婚禮和嬰兒洗禮、早午餐和野餐、晚餐和雞尾酒會、讀書會和遊戲之夜以及任何其他類型活動。它比起實體信件大有優勢，例如方便客人線上預約登記，或取消和協商延期。

◆ 讓團隊決定工作怎麼完成

　　在幾家線上邀請函公司的競爭中，是什麼讓 Paperless Post 公司脫穎而出呢？人事主管凱莉·法勒認為，是因為該公司擁有一流的設計和便利的定製服務。法勒解釋：「在這個領域，我們的競爭對手都沒有像我們這樣認真對待邀請函的設計。」這家擁有 1 億客戶的公司有 70 名員工，其中包括設計師、藝術家、寫信人和撰稿人。

　　Paperless Post 公司能夠在線上邀請函市場上分得一杯羹的另一個原因是：它的運作方式不同於一般的小公司。法勒說，在其他小公司，特別是那些由創始人帶領的組織中，多數傾向於列出策略重點給員工，告訴他們該怎麼做。「而我們不同於同規模的其他公司的地方，是公司整體的合作。」

　　這種對合作的重視帶來了有競爭力的商業優勢，以及雇主品牌的優勢。而且，該公司言出必行 —— 合作成為了跨職能的 OKR。「我們讓團隊參與到 OKR 過程中，對如何完成工作這個問題，我們重視員工的想法，他們有發言權。」法勒說。

◆ 跨職能 OKR 和高透明度結果

　　Paperless Post 公司在 2013 年開始使用 OKR，比法勒加入公司的時間早六年。像大多數組織一樣，這個過程需要根據他們的需求和文化進行調整。法勒回憶：「經過多年的反覆運算，才有了適合我們的 OKR 系統的版本。」

改造有助於公司明確其首要任務,並逐季完善方法。今天,Paper-less Post 公司的發展路線圖反映了在同一時間發生的許多事情,都是為了同一個目標。

法勒認為,OKR 提升了公司策略決策及其效果的透明度。由於最重要的工作通常需要一個多季度才能完成,OKRs 也提供了問責制,以確保團隊在每季度、每半年和每年都能完成他們所設定的工作。

「我們使用 OKR 作為一種設定更宏偉目標的方式,並使幾個團隊向同一目標看齊,以執行長期計畫。」聯合執行長阿莉莎‧赫希菲爾德說。「公司的任何團隊都可以設定一個大目標,但你需要一個計畫來實現這個目標。對我們來說,OKR 提供了一個從大目標向後工作的框架。」

但 OKR 也不宜過多。儘管試圖將公司層面的 OKR 限制在每季度三個,但法勒承認,「我們有時會超過這個數目,因為不想削減某一個重要的工作部分」。

該公司目前有兩種產品 —— 卡片和傳單。舉個例子,卡片或傳單團隊之一設立一個目標,把發送的活動數量成長一定的百分比,那麼下一步則是兩個團隊間互相合作,實現目標。

一個內容團隊的最終 OKR 可能是這樣的:

O	在第二季度之前,傳單團隊的業績成長 X%
KR1	國慶日活動成長 X%
KR2	成人禮成長 Y%
KR3	成人生日成長 Z%

來源:Paperless Post

◆ 做好 OKR 的方式因情況而異

OKR 使 Paperless Post 公司能夠建立明確的工作方向和約束。「同時使員工對所做工作擁有所有權,並理解其背後的『原因』。」法勒表示。

她還認為,關於管理到何種具體程度為佳,答案是複雜的。「你不能直接拋出 OKR 這個流行詞,並以相同的方式套用於所有公司,甚至是同公司內的不同目標。我們發現這不是一個放之四海而皆準的公式,具體程度是因目標而異的。」法勒說。

例如:如果公司要建立一個特定的產品或功能,並且有一個明確的願景和定義,那麼目標就是具體的 —— 這種具體程度甚至處於最高級別;然而,如果公司有一個更開放性的目標,例如「收入從 X 成長到 Y」,那麼可能會有幾條路線可以實現它,此時則應該讓 OKR 更加以指標為導向。

隨著時間的推移,Paperless Post 公司團隊發現,越把決策權交給實際做工作的人,就越好。「當你給予那些最接近工作的人權力時,就會產生最好的結果。」赫希菲爾德建議,「你必須掌控好你的具體程度,為團隊留下空間,盡可能多讓他們去決定細節。」

22.3
Stitch Fix 如何完成重心的改變

從關注行動到關注最終影響,Stitch Fix 用 OKR 推動產出並衡量影響,完成了重心的改變。

　　當伊麗莎白・史柏丁（Elizabeth Spaulding）於 2020 年 1 月加入 Stitch Fix 擔任公司總裁時，她的任務是幫助「塑造成長和創新」。像許多其他公司一樣，2020 年迫使 Stitch Fix 發展和透視其產品和服務，以應對不斷變化的消費者行為。她說：「我從未預料到在加入 Stitch Fix 大約六個月後，世界會發生變化，但它確實發生了。」

　　當實體服裝公司和零售商因疫情而關閉實體店時，Stitch Fix 的客戶卻在不斷成長。截至 2021 年 3 月，公司的線上服裝訂閱服務已經累積了近 390 萬活躍客戶，在疫情期間推出了幾個新功能。2021 年 8 月 1 日，史柏丁取代創始人成為公司的執行長。

　　史柏丁在加入 Stitch Fix 之前，曾在全球管理顧問公司貝恩公司工作了 20 年。公司任命她領導公司進入下一階段成長，包括國際擴張和新的消費者購物體驗。這本遊戲手冊似乎涉及重塑公司設定和實現其目標的方式，包括採用 OKR 來驅動策略優先事項。

◆ 轉變：從關注活動，到衡量影響和結果

　　在史柏丁加入 Stitch Fix 之前，公司主要使用 OKR 來設定 KPI 和其他指標，並不用來確定高層策略的實施。這在她入職後不久就發生了改變，OKRs 成為了設定（並努力實現）策略優先事項的工具。Stitch Fix 在公司層面設定了 OKR，並逐級下達到每個團隊及其運作。其中，有兩個主要的重點領域 —— 消費者體驗和個性化體驗。

　　作為一個領導者，這是史柏丁第一次在全公司範圍內使用 OKR。「在貝恩，OKR 不是一個組織工具。」史柏丁說。儘管她在一個較小的環境中擁有一些經驗（由先前的風險基金和創業公司員工組成的幾個內部團隊在業務部門內使用它），但在部署方面，她認為規模是非常不同的。

　　據史柏丁說，在全公司範圍內引入 OKR 的最重要的轉變，是從關注

活動到關注結果。以前，公司會追蹤活動（如引入一個新功能）的完成情況，但並不衡量這些活動的影響或產出。這意味著，「在過去，我們可能已經實施了一項新的舉措，但結果可能沒有達到預期，也沒有產生它們該有的影響。」該公司的策略總監塔尼婭·拉赫賈（Tanya Raheja）說。拉赫賈舉了一個引入直接購買功能的例子，該功能支援客戶購買除了規定物品之外的一次性物品。拉赫賈還認為，對結果的關注使團隊更加靈活，加速創新。例如團隊引入了修復預覽功能，允許客戶在發貨前查看他們的捆綁商品。在該公司 2021 年第二季度財報會議上，創始人兼前任 CEO 卡特里娜·雷克（Katrina Lake）告訴投資者：「直接購買使我們實現了有記錄以來最高的月度營業額成長。」

◆ 多系統方法中的 OKR 應用

在使用公司範圍內的 OKR 超過 6 個月後，拉赫賈和史柏丁驚訝地注意到其另一個效果：複雜專案中，團隊間跨職能合作變得更加流暢。拉赫賈說：「我們最近對新的庫存模型的測試需要一系列團隊的合作，包括營運、工程、銷售和演算法。使用 OKR 框架，我們能夠比以前更快地將想法付諸實施。」拉赫賈解釋說，有了一套公司上下都理解、能共同響應的 OKR，團隊的一致性和可見性得以在最大範圍內更容易地被實現。

但史柏丁認為，挑戰也仍舊存在。首先，她仍在學習如何在新立專案中更好地納入 OKR —— 這些雄心勃勃的崇高目標往往沒有現存的成功框架。史柏丁說，在幫助和鼓勵團隊有足夠高的目標，同時在事情沒有按照計畫進行時不感到氣餒之間，需要一個平衡。為了達到這種平衡，她嘗試把這些 OKR 當作一種學習機制。比如：Google 的目標是在 2008 年達到 2,000 萬 Chrome 瀏覽器的每週活躍使用者。正如約翰·杜爾在《OKR：做最重要的事》中寫道，當 Google 未能實現這一目標時，他

們將失敗重塑為一個基礎，使他們能夠更好地解決不同的問題，最終實現突破並成功。

在 Stitch Fix，OKR 是用來追蹤、設定目標的系統之一，所以如何將這個過程整合到「全面導向」的指標和公司的財務目標中，是公司仍在探索的問題。在她看來，OKR 是一個「管理機制，它明確了交付（策略）優先事項的含義」，也是一個創造共同責任感和問責制的工具。

史柏丁學到的最大教訓之一是，建立 OKR 的過程與 OKR 本身一樣重要，甚至更重要。在這個過程中，團隊可以真正掌握他們正在努力實現的目標，並看到他們的角色如何融入公司的大目標中 —— 對於一個8,000 人規模的公司，這可能是員工有困難的地方。

而最終，正是這種主角意識，使得 Stitch Fix 這樣的公司更接近他們的長期願景。

22.4
OKR 和員工注意力經濟

◆ 將目標與商業策略連繫起來

OKR 培訓公司的創始人和總裁保羅・尼文（Paul Niven）喜歡說，員工的思想可能是一間公司最稀缺的資源。他說：「類似於對某塊房地產的競爭。」指的是這種在地化的注意力經濟。尼文所觀察到，「員工正在擔心他們如何融入公司的目標，他們在關注行業趨勢，為會議做準備⋯⋯

你如何在嘈雜的環境中崛起？你如何把重點放在公司目前最重要的事情上？」

「OKR 框架要求你分離出最基本的優先事項，你要致力於現在需要做的事情，以實現大的願景。」尼文說

然而，這需要一塊珍貴的員工心靈空間。怎麼才能引起、繼而保持員工對目標設定的關注呢？讓我們向尼文取取經。

◆ 因人制宜：保持目標設定方法的一致

尼文對結構化目標設定的興趣是在 20 多年前由平衡計分卡（BSC）引發的。他是負責在新斯科舍省電力公司（NSP）創建企業記分卡的內部團隊的一員，該公司是該框架的早期採用者。「我們向經理們介紹平衡計分卡概念和我們的記分卡時，人們非常驚喜，因為公司的策略被轉化為了每個人都能理解的明確目標和措施。」

這讓尼文記憶猶新。「我想繼續幫助公司實現這種事情。」他為新斯科舍省電力公司的經理們提供平衡計分卡方面的指導達幾年之久，然後從事顧問工作，最終撰寫了《平衡計分卡步驟》，並在 2001 年成立了自己的公司。此後，尼文又寫了五本關於策略和策略執行的書，同時與安海斯－布希公司、美國海軍和愛迪達等客戶合作。

平衡計分卡透過四個角度看待目標設定：財務、客戶、內部流程以及學習和成長。尼文越接觸它，就越意識到它對一個高度具體的受眾最有效。「對高管來說，任何事都要考慮周全。平衡計分卡的四個視角效果就很好，迫使高管們連貫地思考各部分是如何結合在一起的。這可以為整個組織的 OKR 提供背景。」

然而尼文發現，從管理層往下一級開始的員工，就很難將他們的工作納入所有四個平衡計分卡類別。他還發現，對於這些較低級別員工來

說，平衡計分卡的年度週期太長了。他開始思考如何運用目標設定和策略執行的力量，但同時也要「與當今的商業節奏保持一致」。

事實證明，OKR 正是尼文尋找的答案。「90 天的節奏可以使策略規劃成為一種習慣，而 OKR 將非高管員工從平衡計分卡的四個角度解放出來。他們讓員工專注於此時此刻對他們來說最重要的事情。」

◆ 設計一個學習曲線：培養早期的 OKR 贏家

尼文將 OKR 作為他顧問業務的核心，但開始使用 OKR 的初期並不像最初看起來那麼容易；在沒有一些培訓或指導的情況下貿然使用，可能會導致挫敗感和員工對目標設定的關注，甚至於對工作本身的關注。

他回憶起一個房地產行業的客戶，他第一次嘗試引入 OKR 時，「速度很快，效果卻令人失望」。尼文做了一些故障排除後，發現雖然 CEO 相信 OKR 的力量，但他沒有解決「為什麼是 OKR？為什麼現在做？」這兩個問題，而且他自己的 OKR 都寫得很差。

「我們提供了關於 OKR 基礎知識的培訓，這樣 CEO 和他的團隊就能寫出高品質的 OKR。然後，我們與新任命的 OKR 冠軍（冠軍制度是尼文一直推崇的）一起探討上面提到的『為什麼』。」尼文說，這位 CEO 非常謙虛，他意識到了自己的不足，接受回饋，並與整個組織分享他從自己的 OKR 失敗經歷中學到的東西。「這就是勝利的第一步，他們公司保持著這種勢頭，直到今天。」

這項高管的工作為接下來所有其他的 OKR 提供了背景，這些 OKR 層層遞減或階梯式上升。如果沒有它，剛接觸 OKR 的人往往會將目標設定為自己的職位描述，或者尼文所說的「維持現狀的活動」，但實際上他們真正應該做的是更上一層樓。

「你可能會聽到，『呃，我在人力資源部門工作，所以招聘和管理員

工福利是我的 OKR。』但其實 OKR 不該是這些。」尼文說。領導者需要發現是什麼阻礙了他們想得更遠。「如果你是公司的人力資源主管,你可能會問,『為什麼我們不能吸引我們想要的人?』然後,一個 OKR 可以是找到在相關領域全國專業排名頂尖的大學,跟他們舉行招聘會。」

◆ 爆發式的腦力激盪:留出時間進行思考

尼文說:「在疫情之前,我們會和大家在一個房間裡待上八個小時,在白板前工作。」在這種形式下讓人持續工作,無論如何都是很難的;而疫情之後,一旦遠端工作成為一種生活方式,OKR 培訓就必須想辦法解決「Zoom 疲勞」問題。

以前在一個馬拉松式的課程中完成的工作,現在被分成了兩個小時的線上模組。「我們以一些目標草案和關鍵結果結束第一次會議,因為距離第二次會議還有幾天時間,人們就有時間更深入地思考他們在第一天想出的東西。」尼文說。

這是一個停頓,甚至是倒退。尼文說:「現在我們有時間了解到,我們在週一起草的 OKR 可能與策略相矛盾,甚至可能揭示了策略中的缺陷。」他回憶說最近有一個客戶,「我們的第二次會議開始時發現,他們以客戶為中心的目標之一的核心假設並不準確。起初看起來是一個滿意度問題,但經過思考和分析,發現更多的是分銷管道的挑戰。客戶開始重新思考他們的策略方向,一切變得更清晰。」

「你根本不可能在一天中一直保持這樣的洞察力,下午時人通常更趨向順從、達成共識。」尼文說。「突發式腦力激盪消除了一些隱患,使每個人更積極地參與進來。」腦力激盪的效果非常好,OKR 培訓計畫在疫情之後繼續使用。

◆ 建立敘事：使用 OKR，講述關於 OKR 的故事

當然，即使在會議室或透過 Zoom，尼文也知道他在爭奪注意力經濟的份額。因此，他把故事編入他的培訓中，還連繫到酷玩樂團、亞伯拉罕‧林肯等人生命中的一些關鍵時刻。尼文的書《路線圖和啟示》（*Roadmaps and Revelations*）被寫成一個寓言。另一本是商業漫畫集，所以理所當然地，他在處理 OKR 時也側重於講故事。

事實上，尼文斷言，你的 OKR 本身就應該是一個故事。「一旦你有了一個目標，你就可以創建離散的、獨立的關鍵結果。但是，如果你能想清楚關鍵結果是如何在因果上連繫在一起的，是如何共同講述一個故事的，那就更有力了。」他有一個公式，指導目標充分發揮其講故事的潛力。

◆ 動詞＋你想做的事＋「為了××目的」

「最後一部分，『為了』，就是商業價值，就是策略相關性。」尼文說。「如果你堅持這樣做，你馬上就知道你應該衡量什麼；衡量商業價值，然後返回來講述你是如何達到目的的。」

尼文在他的職業生涯中一直致力於使用 OKR 幫助公司找到重點。「策略規劃似乎是一個常年披著神祕面紗的話題，我的任務是揭開這個謎底。它並不神祕，它並不困難」。尼文總結道。

22.5
使用 OKR 尋找神奇指標

想像一下，如果你能找到一個關鍵的成功因素，一個可以衡量和追蹤的單一指標，它可以激勵你的組織實現一個明確的目標。雖然大型組織可能無法只確定一個目標，但初創公司的生死存亡往往取決於一心一意。

2016 年，Superhuman 公司是一家由 14 人組成的初創公司，正在努力推出其第一款產品，這是一款面向電子郵件高級使用者的應用程式，可為 Gmail 疊加一個更快、更高效的介面。創始人兼執行長拉胡爾·沃拉正在尋求難以捉摸的「產品／市場契合度」，這是一種普遍的狀態，你知道你的努力已經在市場上創造了魔力，風險投資領袖馬克·安德里森（Marc Andreessen）將其定義為：

「當產品／市場的契合度發生時，你總能感覺到它。客戶購買產品的速度與你的生產速度一樣快，或者使用量的成長與你添加更多伺服器的速度一樣快。來自客戶的資金在你公司的支票帳戶中堆積如山。你正在盡快招募業務和客戶支援人員。記者打電話是因為他們聽說了你的熱門新事物，他們想和你談談。你開始獲得哈佛商學院頒發的年度企業家獎。投資銀行家正在關注你的房子。」

然而，這些都是結果，而不是目標，對於這家總部位於舊金山的初創公司來說，這些都沒有發生。「一開始，我不會說我們經營得很好，我

們努力為我們正在構建的東西設定一個節奏。」沃拉說。更糟糕的是，該公司的價值陳述，例如「創造愉悅」和「實現卓越品質」，未能為員工創造焦點。

就其本身而言，這些值太模糊而沒有多大用處。「我們每週或每兩週進行一次衝刺，這些對於短期計畫來說效果很好。」沃拉說。「但是當談到目標時，比如本季度我們會這樣做，或者在六個月後，我們會這樣做，我們無法可靠地設定和實現這些目標。」

◆ 尋找領先指標

為了解決這種缺乏紀律的問題，沃拉求助於目標和關鍵結果（OKR）系統。「我偶然發現了關於 OKR 的資訊，對我來說，這是對我認為我們可以遵循的過程的足夠引人注目和清晰的描述。」

團隊花了 3 ～ 4 個季度才真正掌握使用 OKR 的竅門，從而加速了開發。然而，到 2017 年夏天，該公司在編碼三年後仍未推出其產品。

當沃拉發現他所謂的「澄清指標」時，事情才開始發生轉變。事實證明，產品／市場契合度是一個滯後指標。Superhuman 公司需要的是一個領先指標。沃拉的靈感來自西恩・艾利斯，他是一位以早期與 Dropbox、Eventbrite 和 LogMeIn 合作而聞名的企業家。

艾利斯所做的是轉向用戶，簡單地問他們：「如果你不能再使用這個產品，你會有什麼感覺？」關鍵是衡量和追蹤他們中有多少人回答「非常失望」。

艾利斯調查了近 100 家初創公司，發現了一個神奇的門檻：40%。未能實現產品／市場匹配的公司排名低於該數字，而那些成功的公司排名更高。例如：Slack 達到 51% 並成為一個巨大的成長故事。

沃拉針對 Superhuman 公司的 Beta 使用者發布了這個調查問題，返

回的數字為 22%。這並不可怕。畢竟，超過五分之一的受訪使用者表示他們喜歡並需要該產品。「我們的團隊現在有一個單一的數字可以團結起來，而不是抽象的想法。」他說。

然而，僅僅超過這個門檻是不夠的，40%的人報告說這是必不可少的，會讓公司沉沒或者遠航的分水嶺 OKR。沃拉認為這個指標比淨推薦值（NPS）更符合目標，因為它是個人的，而不僅僅是詢問你是否會向其他人推薦該產品。

◆ 瞄準高期望

沃拉更深入地研究了資料，透過對回覆進行細分，將更多的臨時電子郵件使用者放在一個桶中，並為工作類型創建單獨的類別。沃拉為「高期望客戶」隔離了一個他稱為 HXC（高期望客戶）的群體。這些人使用電子郵件進行銷售、業務開發和其他關鍵任務功能。

其中，32%的人表示，如果他們不能再使用 Superhuman，他們會「非常失望」。這仍然沒有達到產品／市場契合度的門檻，但已經非常接近了。當被問及主要好處是什麼時，這些超級使用者報告了「速度」。許多超級使用者的目標是每天處理數百封電子郵件並實現「收件箱清零」。

調查還顯示，對該產品的第一大抱怨是「缺乏行動 APP」。這家初創公司假設電子郵件高級使用者是電腦使用者，但事實證明這種假設是錯誤的。

透過引入 Superhuman 行動 APP 並圍繞速度優化產品，黃金 OKR 躍升至 58%。此時，使用者已經加入了很長的等待名單以使用該產品，因為狂歡成為常態。超級使用者舒斯特在 X 上寫道：「沒有哪個 APP 像我現在在 @Superhuman 度過的那一週那樣改變了我的商業生活。這對我處理電子郵件和專注的能力帶來的價值太大了。」

簡言之，馬克・安德森強調的許多產品／市場匹配結果正在實現，從而以更高的估值再次獲得 3,300 萬美元的風險投資。

◆ 解決隱私危機

然而，2019 年 7 月，Superhuman 面臨著直接的危機。貿易期刊報導稱，那些收到 Superhuman 使用者電子郵件的人正在使用螢幕上的圖元進行追蹤，了解他們在網路上做什麼，稱為閱讀狀態，甚至他們在打開電子郵件時所處的位置。

騷動可能會破壞 Superhuman 的進步，因為位置追蹤尤其是作為潛在的隱私侵犯在整個行業中引起爭議。

值得稱讚的是，沃拉立即在媒體和公司部落格上做出回應，道歉並承諾改變公司的隱私慣例，但不會完全取消圖元追蹤和閱讀狀態，這對超級使用者來說已經變得至關重要。

他寫道，立即生效，Superhuman 將停止追蹤位置，將刪除現有的位置資訊，並預設關閉讀信回條。「我逐漸明白，確實存在涉及位置追蹤的噩夢場景。」沃拉說，後來補充道：「我為沒有更充分地考慮這一點而深表歉意。」

沃拉因其快速果斷的反應而贏得讚譽，他使圖元追蹤成為一種可選功能，同時不會屈服於媒體的壓力並保留閱讀狀態資訊。

◆ 未來的 OKR

到目前為止，該公司已將 OKR 的使用範圍擴大到超過 40% 的超級用戶「非常失望」的關鍵結果，他們被問及如果失去存取權限會發生什麼。「我們仍在追蹤它，」沃拉說，「但計畫將其變成更多的健康指標。」

該公司現在專注於使用 OKR 來幫助擴大公司規模並將核心價值轉化為目標，例如：

O	將整個 Superhuman 體驗提煉為卓越品質
KR1	到本季度末,年度經常性收入從目前的 Y 美元成長到 X 美元
KR2	手機:將情緒值從目前的 69% 提高到 75%
KR3	電腦:將情緒值從目前的 89% 提高到 92%

來源:Superhuman

現在擁有 35 名員工,Superhuman 公司對 OKR 的使用已經足夠靈活,可以幫助推動新的成長階段,同時也旨在幫助個人實現更多的個人目標。

「隨著我們引入更多經驗豐富的經理,我們還將引入運行個人 OKR 流程所需的紀律。」沃拉說。

然而,它發現使用者熱情的神奇指標,被證明是其當前成功的關鍵。「OKR 的使用改變了我們公司的遊戲規則。」沃拉說。Superhuman 的等候名單現在大約有 180,000 人,社群媒體上充斥著尋求推薦以插隊的潛在客戶。那時你知道你已經實現了難以捉摸的產品/市場契合度。

22.6
設計師的 OKR:輕鬆旋轉

說到千禧一代的家居設計,很難想到比 Apartment Therapy 更知名的品牌。這個俏皮、古怪、色彩繽紛的設計和裝飾網站最初是由馬克斯韋

爾‧萊恩（Maxwell Ryan）於 2001 年推出的時事通訊。從那時起，它已經成長為一家成熟的媒體公司。

「Apartment Therapy 的整個想法是，如果我能向你解釋為什麼你在客廳裡感覺不舒服，那麼你應該能夠自己做到這一點。」萊恩在他的辦公室接受採訪時說。紐約的拉斐特街（Lafayette Street），距離蘇荷區熙熙攘攘的購物者僅幾步之遙。簡言之，重點不是在整個過程中掌握讀者，而是給他們足夠的專業知識，讓他們自己成為自信的家居設計師。

除了 The Kitchn （於 2005 年推出）之外，Apartment Therapy 現在還為 3,000 萬獨立使用者的忠實觀眾提供家庭旅遊、購買指南、DIY 設計技巧等。Apartment Therapy 的特色產品肯定會成為暢銷書，而房屋參觀可以將房主變成設計界的小名人。線下，Apartment Therapy 出版了獲獎書籍，並推出了家具和餐具系列。

簡言之，Apartment Therapy 是一股不可忽視的力量。但對於萊恩來說，他在進入室內設計之前是華德福學校的老師，從來沒有想過他會掌舵一個迷你媒體帝國，這不僅僅是一個房間，而是人們在那個房間裡的感受。他們高興嗎？他們有生產力嗎？他們專注嗎？他們放鬆了嗎？他們覺得自己在設計自己的生活和職業方面有多大的力量？對萊恩來說，所有這些都在打造一個美麗的空間以及一家成功的公司中發揮著作用。

經過十年的發展，萊恩希望將 Apartment Therapy 提升到一個新的水準。他如何讓每個員工都感到更有能力，同時還能在自他剛開始以來發生巨大變化的數位媒體領域中利用 Apartment Therapy 的知名品牌？「讀者了解我們，但在市場上我們的知名度並不高。」他說，指的是廣告銷售。「我們和其他網站一樣大，但我們賺的錢只有一半。」

很明顯，他們低估了自己，他的解決方案不是尋找其他家居設計品

牌，而是從矽谷汲取靈感。他求助於 OKR（目標和關鍵結果），這是英特爾、微軟和 Google 團隊採用的一種管理方法，並取得了巨大成功。「人們問我，『你接下來要做什麼？你的願景是什麼？』」他解釋道。「OKR 的美妙之處在於它們不僅僅是一個待辦事項清單。」事實上，對於使用 OKR 的人來說，OKR 是一種生活方式。

　　恰如其分地，里安對 OKR 的第一次介紹是一種自下而上的事情：「我們的一個員工實際上在一次會議上提出了它，我說，『快，搜尋 OKR！』」他的搜尋使他找到了克莉絲緹娜‧沃特克（Christina Wodtke）撰寫的《激進的焦點：用 OKR 達成你最重要的目標和關鍵結果》（*Radical Focus: Achieving Your Most Important Goals with Objectives and Key Results*），鼓勵他制定適用於 Apartment Therapy 的計畫。

　　OKR 是一種任何人都可以使用的方法，也是一種不關注結果，而是關注實現目標所需的漸進式、更容易實現的步驟的方法。OKR 將權力交到更多的員工手中，分散責任，讓每個人都能夠設定，並受邀設定他或她自己的目標，為這些目標找到基石。

　　萊恩解釋說，首先要選擇一個全球目標。對於未來三年的 Apartment Therapy，目標將是「擁有房子」。Apartment Therapy 擅長鼓勵讀者控制自己的空間，並從日常用品中創造美感。如何確保 Apartment Therapy 成為其讀者的第一站，不僅僅是一次，而是每一天？

　　萊恩解釋說，部分原因是意識到他們已經擁有龐大而忠實的粉絲群，並利用這一點，而不是追求新鮮血液。「對我們來說，專注於已經了解我們的人，讓他們留下更長時間，這更有意義。」萊恩說。「超市在這方面非常棒，尤其是像 IKEA 這樣的地方：他們讓你進門，讓你放下孩子，餵你肉丸子，讓你穿過每個部分。」

一旦確定了全球目標，這一年就會被分成幾個季度，所以 Apartment Therapy 有「12 個季度來實現目標，或者 12 顆球可以揮桿」。當然，OKR 的概念中內置的想法是沒有什麼是一成不變的。透過頻繁的檢查，里安和他的團隊將了解哪些有效，哪些無效，並知道何時儘早調整，從而免去改正後期錯誤的麻煩。這些是透過會議進行的，正如我們的採訪結束時一樣，萊恩即將參加今年的第一次會議。就在一個月前，他還預見到要讓每個人都登入這個系統很困難，但現在看來，這是他的一項成就。

未來，我們都將關注 Apartment Therapy，看看該公司如何使用 OKR 達到更高的水準。

22.7
Beam 如何創建對齊一致的 OKR

你今天刷了幾次牙？正如 Fitbit 等追蹤系統透過「計算步數」激勵人們進行更多鍛鍊一樣，Beam 也會獎勵那些特別注意牙齒護理的客戶。這家總部位於俄亥俄州的保險提供商使用支持藍牙的聲波牙刷，利用技術解決美國口腔衛生不良的系統性問題，這個問題也恰好是許多昂貴疾病的「根本原因」。

有 7,400 萬美國人沒有牙科保險，該系統迫切需要新的想法。來自牙醫世家，執行長亞歷克斯・弗羅邁耶（Alex Frommeyer）（以下簡稱弗

羅）了解改革的必要性,並準備進行創新。Beam 的演算法是降低費率:顧客刷得越多,費率就越低。這種互聯模式看起來像是醫療保健的未來 —— 由物聯網（IoT）實現的針對健康狀況的個性化保費。

此外,弗羅和他的聯合創始人亞歷克斯 · 庫里（Alex Curry）和丹 · 戴克斯（Dan Dykes）著手創造卓越的客戶體驗 —— 透過添加更多產品、自動化、軟體和漂亮的介面。在 C 輪融資 5,500 萬美元後,他們制定了遠大的計畫,計劃從 27 個州的專案發展到 2019 年底覆蓋美國 90% 以上的人口。

這意味著招聘很多新員工。在 2019 年的過程中,公司從大約 50 名員工成長到 200 名;快速的成長使得專注於他們大膽的目標變得更具挑戰性。為確保公司範圍內的一致性,弗羅與其他高管合作創建了公司的第一個 OKR。他說,「它們是將每個人都指向同一個方向的最佳方式。」在將它們交給高級部門負責人後,丹 · 戴克斯驚訝地聽到,由於分解 OKR 衝突,團隊開始相互衝突,優先順序混亂。

幸運的是,正如丹 · 戴克斯所說,「OKR 即使不工作也能工作」。這是因為即使擁有「不完美」的 OKR,也能幫助領導團隊快速發現問題並進行調整。當他們修改它們時,寫作過程更加慎重。這一次,他們諮詢了高級經理和分析團隊,以確保目標一致且可實現。

2019 年全公司 OKR

O	到 2019 年底,覆蓋超過 90% 的美國家庭
KR1	了解「服務的總成本」並衡量一切
KR2	將可變勞動力成本降低至保費的 3.5%
KR3	到 2019 年年底,將我們的毛利率提高到 ××%

更正後 2020 年全公司 OKR

O	擴展服務以提高利潤
KR1	推出 ×××（新的牙科福利產品）
KR2	提高新經紀人獲取的效率
KR3	用我們的產品和服務感召取悅經紀人

　　這個過程成為了編寫 OKR 的注意事項的經典教程。以下是 Beam 管理層學會採取不同方式來改正船舶並阻止團隊向相反方向拉動的方法。

◆ 不要把數字放在目標中，讓它們更廣泛、更有抱負

　　丹・戴克斯說：「我們的目標看起來更像是關鍵結果，因為我們將一些可衡量的元件而不是願景放入目標中。」他承認，制定 2020 年目標「更加抽象和基於策略，並從措辭中刪除數字，這感覺很可怕。感覺就像我們將最終目標置於危險之中」。

　　將公司的願景放在目標中會產生更好的結果，因為它讓那些遵循的人更靈活地添加自己的見解來制定最佳方法。此外，每個人都清楚優先事項在哪裡。理想的目標提供了一個基礎，可以統一和指導隨後的關鍵結果，從而更有可能取得成功。

　　透過「兩者兼顧」，弗羅和其他高管吸取了教訓。透過使新的 OKR 更廣泛、更具有抱負，它們使每個人都能適應全年的變化，同時仍朝著他們的北極星前進。

◆ 培訓員工，尤其是那些沒有 OKR 經驗的人

　　由於對 OKR 的工作原理沒有共同的理解，團隊有時會臨時編寫自己的目標。更令人困惑的是，許多新員工缺乏足夠的背景來真正了解 Beam

的文化和優先事項。第二次，Beam 致力於進行廣泛的培訓，向團隊展示如何創建和擁有他們的 OKR，在整個業務中實現支援，並授權個人掌握自己的目標。

鑑於公司的規模以及對 OKR 方法的不同理解，這需要時間。幸運的是，CTO 布萊恩‧霍夫（Brian Hough）有一些真正的 OKR 經驗。在加入 Beam 之前，布萊恩曾在另外兩家公司工作，當時他們正在向 OKR 過渡。

培訓分幾個階段進行。首先，在要求他們編寫團隊 OKR 之前，布萊恩和丹為所有經理進行了一次更大的 OKR 培訓課程。接下來，他們與每位經理進行了 13 次背靠背的一對一或一對二會議，以審查他們所寫的內容。根據布萊恩的說法，「丹和我在我的辦公室裡待了整整兩天，人們就像旋轉門一樣帶著 OKR 進來並提供回饋。」

◆ 問自己「這個團隊為什麼存在？」

丹解釋說，「一個好的目標可以只是試圖了解你的團隊的整體影響是什麼。」通常，在一對一的會議中，經理會開始編寫一個看起來像使命陳述的目標，因此他和布萊恩會透過要求經理澄清這個概念：「告訴我為什麼你的部門存在，而不是你正在嘗試完成什麼。」

他們必須強調的第二點是，目標需要具有可衡量成功定義的關鍵結果，否則它們將毫無用處。「每天打 35 通電話，你希望達到什麼目的？」布萊恩開玩笑地告訴團隊主管，「如果你明天就消失了，你的團隊會知道如何處理自己嗎？為什麼？」

◆ 追蹤和調整團隊，並重複追蹤和調整

在第一次嘗試中，當 2019 年的 OKR 在沒有追蹤的情況下被不同的功能領域應用時，它在團隊之間造成了緊張和錯位。借鑑他之前發布

OKR 的經驗，布萊恩觀察到「我們（Beam）最大的缺失部分是從整體上查看每個人的 OKR，並決定哪些要分解，哪些不必」。

布萊恩和丹提醒經理們將他們的 OKR 與其他團隊的 OKR 一起查看 —— 指出存在潛在衝突或協同作用的地方。他們會告訴經理，「嘿，你應該和這裡的 ×× 主管談談，因為他們覺得這件事要麼有幫助，要麼可能與目標相衝突。或者他們正試圖以不同的方式解決同樣的問題。」這種方法使這些領導者負責確保閉環完成，以防止衝突和重複工作。

◆ OKR：即使失效也有效果

OKR 的最大屬性之一是它們既現實又靈活。無論它們是寫錯了還是世界顛倒了，它們都可以改變。從 2019 年到 2020 年，Beam 學會了不要讓 OKR 太窄以至於失去靈活性。「制定允許變化的目標，當我們沒有足夠快地意識到業務的變化時，OKR 在幾個月內就過時了。」弗羅建議道。

丹說：「因為 OKR 依賴於字面測量，所以很容易認為它們是高度科學的。實際上，創建一個好的 OKR 需要大量的藝術。」

251

第二十三章

面向未來的 OKR

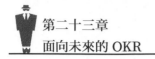
23.1
使用 OKR 建立未來的勞動力

在拉茲洛‧博克（Laszlo Bock）領導 Google 人力資源的十年中，沒有其他員工受到更多關注和欽佩。從 2006 年到 2016 年，Google 七次被《財富》評為美國最佳工作場所，Google 採取了高度自由、同行驅動的方法，為員工提供令人羨慕的福利和廣泛的設定目標的自由 —— 而不是大多數大公司的自上而下的低自由環境。

一位電視記者問到 Google 是否代表了未來的企業文化，以及等級制、命令和控制模式是否會消失，博克回答說：「也許有一天。」

23.1.1 OKR 如何創建目標驅動的文化

博克將他在 Google 的大部分成功歸功於 OKR 系統，該系統在他到達時已經到位。

他說，每年吸收 10,000 名新員工，同時保持每個人的生產力和一致性，這是一項持續的挑戰。「每個季度都會關注目標是什麼以及我們將如何實現這些目標。OKR 是導致該系統實際運行和擴展的直通車。這確實是 Google 成長的關鍵。」

博克現在看到了將他在 Google 學到的知識帶給其他組織的巨大機會。一項廣為人知的蓋洛普敬業度調查顯示，大約 70％的美國員工感到與工作脫節。博克於 2016 年辭去 Google 職位，創立 Humu，這是一家雄

心勃勃的初創公司，旨在幫助大型組織利用人工智慧和行為科學提高參與度。Humu 的軟體旨在提高幸福感、生產力和保留率。

如果 Humu 成功，那麼矛盾的是，未來的工作場所將受到技術的調節，促使員工做越來越多的人性化的事情，例如更頻繁地面對面開會並提供持續的回饋給同事以共同合作，而不是等待有條不紊的年終績效評估。

事實上，人為因素必須始終是激勵人們的核心。「OKR 提供了明確的目的，這個星球上最有才華的人想要一個鼓舞人心的抱負。領導者面臨的挑戰是制定這樣一個目標。」博克說。

在 Humu，博克正在實施 OKR 來管理 Humu 自己的員工團隊，該員工團隊已成長到 45 人。「OKR 將幫助我們解決的最大問題是優先順序排序，我們將 OKR 視為一種機制，讓每個人都能了解和透明地了解正在發生的事情，就像在 Google 所做的那樣。」博克說。

23.1.2 用 OKR 解決多元化問題

博克在 2014 年首次公布了 Google 的勞動力細分，打破了多元化問題的僵局，揭示 Google 的員工有 70% 的男性和 60% 的白人，而只有 2% 的黑人和 3% 的西班牙裔和拉丁裔。

「我們一直不願公布有關 Google 員工多樣性的資料，我們現在意識到我們錯了，是時候坦誠面對這些問題了。」博克寫道。

當這些數據出來時，Google 的部分回應是指出它為專注於增加電腦科學學位課程中女性和少數族裔人數的組織提供了大量資金。

但根據美國平等就業機會委員會的一項研究，在更廣泛的技術行業中，當你在組織中看起來更高時，多樣性會成為更大的挑戰。在頂級科

技高管中，白人占 83.3%，黑人占 2%，西班牙裔和拉丁裔占 3%，亞裔美國人占 10.6%，約占總勞動力的三分之一。

博克承認，如果你不努力反擊，微妙的歧視形式確實會蔓延。「我們看到的最重要的事情是，人們並沒有公然認定為性別歧視者，但我們有很多無意識的偏見。」博克告訴《Inc.》雜誌。

他認為，答案是需要將各個層面的多樣性放在首位。

▌23.1.3 OKR 如何服務於新的優先事項

博克說，OKR 在解決多樣性問題方面發揮著重要作用，挑戰在於將其提升到目標清單的最頂端並不斷衡量進展。正如博克所說：「圍繞優先順序排列結構有助於我們解決『管理在這些東西上的位置』的問題。」

OKR 系統已被證明是靈活的，可以適應不斷變化的需求。「弄清楚前五件事及其順序真的很有幫助，因為這樣我們就可以說，我們將把 98% 的時間花在這些重點領域上，而在其他部分上只花很少的時間。」博克說。

畢竟，OKR 不僅僅是增加收入和利潤，這是關於建立你想看到的文化。「約翰·杜爾教給我的關於 OKR 的一件美妙的事情是，它們如何迫使人們就關鍵結果進行不同的對話。」博克說。「你想要推動某些行為，而不是讓每個人都成為一臺機器。這不僅僅是關於美元。它是關於『我要實現的更高層次的目標是什麼』的問題。」

23.2
OKR 之旅才剛剛開始

感謝你閱讀這本書。

我們在這裡能夠涵蓋的，只是一個偉大的 OKR 實踐的開始。伴隨你在自己的企業中開始 OKR 的實施，我們將不斷增加豐富的資源，來增強你對 OKR 和領導力的理解。

我們鼓勵你繼續關注我們的更新。更加鼓勵你與我們分享你在 OKR 之旅中的一切體驗。如你所看到的，我們的一切資訊都來源於客戶和讀者，我們也會將一切更新回饋給客戶和讀者。我們深深相信，OKR 這顆種子在東方的沃土上，一定會開出繁盛的花朵。

再次感謝！

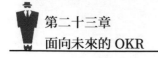

附錄一
OKR 術語表

自從安迪·葛洛夫的目標和關鍵結果（OKR）系統首先被 Google 採用，該方法繼續幫助全球的領導者和組織實現他們最大膽的目標。然而，有時我們會發現自己想知道：「等等，這個詞到底是什麼意思？」

我們決定回到基礎：定義。在這裡，你將找到 OKR 世界中常用術語的定義詞彙表。以下術語按照英文字母順序排列。

■ A

Accountability　問責制

OKR 是一種工具，可以創建對所設定目標的所有權。因為它們是定期編寫和追蹤的，所以 OKR 為進度或未達到目標提供了實用的參考點。OKR 與其他目標設定系統的不同之處在於，它們清楚地定義了通往「終點線」（目標）的道路上的里程標記（關鍵結果）。

Action Item　行動項目

完成後從待辦事項列表中劃掉的項目。但需要明確的是，將事情從待辦事項列表中劃掉並不一定意味著你在實現目標方面取得了進展。行動項目與目標或關鍵結果不同。理想情況下，你的每日或每週待辦事項列表由你的 OKR 通知。如果 OKR 偏離軌道，理想情況下，你的待辦事項清單會在速度或範圍上發生變化。

附錄一　OKR 術語表

Agile　敏捷

許多軟體發展團隊使用的一組價值觀和原則來決定他們如何工作。這些價值觀和原則以客戶為中心，有利於合作、適應性和反覆運算。

Align　取齊

為共同目標帶來可見性並團結團隊。在組織的各個級別設置 OKR 是公司的首要任務。這種透明度增加了成功的可能性。OKR 第二大超能力就是取齊。

Alignment　對齊狀態

經理、團隊和個人將他們的日常活動與組織目標明確連繫起來的一種狀態。

Aspirational OKR　理想型 OKR

OKR 的常見類別之一，另外兩個是承諾型和學習型。這種類型促使我們大膽。他們要求團隊遠遠超出通常的範圍以實現它們。出於這個原因，它們更難完成，但它們很有用，因為它們推動團隊以不同的方式思考和行動，並走出我們的舒適圈。這個想法是，如果我們圍繞達到理想 OKR 的 100% 進行組織，我們可能只會達到 70%。但 70% 的宏偉目標比 10% 的平庸目標更能讓你走得更遠！

Audacious Goal　大膽的目標

大膽、清晰和冒險的目標。他們是登月計畫，你可以召集周圍的人。大膽的目標是你的團隊在沒有障礙的情況下想要完成的目標。理想型的 OKR 是實現最大膽目標的最佳選擇。

B

Benchmark　基準

　　一個參考點，可讓你衡量你是否在實現目標方面取得進展。例如：如果你的目標是跑得快，那麼你的基準之一就是 5 分鐘跑一英里。基準本身可以是很好的關鍵結果（KR）。

Bottom-up OKR　自下而上的 OKR

　　為回應組織中更高級別的 OKR 而形成的任何 OKR。隨著清晰的資訊和溝通從組織的頂層流向入門級，反之亦然，理想的結果是參與和協調。最好的 OKR 實施使用自上而下和自下而上方法的 50/50 混合。一個例子是汽車經銷商，其頂級目標是成為該地區領先的電動汽車經銷商。支援該 OKR 的經銷商服務技術人員設定了「運行為期一個月的行動服務試點」的目標，以及一組相關的關鍵結果。

Business As Usual　照常營業

　　組織或團隊的日常或日常營運和活動。儘管日常活動通常是挑戰，但它們與 OKR 不同。相反，OKR 描述了需要什麼改變，以及我們希望如何以不同的方式做事。這就是為什麼 OKR 是「一切照舊」的對立面。首字母縮略詞「BAU」通常用於「一切照舊」。

C

Cadence　節奏

　　組織設定其 OKR 週期的節奏。一個 OKR 週期包括以下步驟：設置 OKR、簽到、給 OKR 評分和反思。根據組織的文化和背景，OKR 週期可以設置為年度、季度或每月的節奏，以滿足你團隊的需求。

附錄一　OKR 術語表

Cascading　分解

使用更高級別的 OKR 來指導團隊和個人創建自己的 OKR 的過程。這個過程使整個公司保持一致。一個例子是全公司範圍的目標：成為該地區領先的電動汽車經銷商，並取得該地區 60% 的全電動汽車的關鍵成果。向下分解，銷售經理可能會將該關鍵結果轉化為他自己的目標和關鍵結果：將去年銷售的汽車數量增加 55%。隨之再往下，銷售助理可以將該關鍵結果進一步分解為她的 OKR。

CFR　對話、回饋和認可

代表所有讓 OKR 發聲並確保 OKR 不會生活在真空中的互動。OKR 和 CFR 是相輔相成的，CFR 發生在整個 OKR 週期中，包括在一對一會議中：面對面、透過視訊聊天，甚至在定期的電子郵件更新中。CFR 在組織的各個層面促進透明度、問責制、授權和團隊合作。在 OKR 週期結束時，它們有助於超越 OKR 的分級，更深入地挖掘某些事情實現或沒有實現的原因。

Child OKR　子 OKR

分解 OKR 後嵌套在「父 OKR」下的 OKR。

Collective Commitment　集體承諾

組織中每個人都同意的共同目標值得追求並積極努力。集體承諾需要信任和透明度。參與其中的每個人都必須知道目標是什麼，以及他們在實現目標中的作用是什麼。必須在整個組織內就目標的進展進行定期溝通。這確保了聚焦和對齊。

Commit OKR　承諾 OKR

讓自己對完成目標負責。

Committed OKR　承諾型 OKR

OKR 的常見類別，另外兩個是理想型和學習型。與理想的 OKR 不同，這些 OKR 是我們都同意需要實現的目標。沒有他們，我們就沒有成功。我們將優先考慮所有事項，以確保在 90 天結束時此 OKR 成功。

Continuous Performance Management　持續績效管理

這是年度審查的替代方案。透過結構化的季度簽到和改進我們的一對一對話方式，全年持續提供回饋。持續績效管理為關鍵問題創造空間：規劃和反思 OKR、經理主導的指導、雙向回饋和職業對話。

Culture　文化

在《OKR：做最重要的事》中，杜爾將文化定義為組織最珍視的價值觀和信仰的生動表達。強大的公司文化基於透明度和問責制。當公司發展出強大而開放的文化時，更容易做出更可靠的決策。OKR 和 CFR 需要一個相當健康的文化才能扎根，但也可以加強文化的積極方面。

■D

Directional Alignment　定向對齊

OKR 對齊的兩種類型之一：定向和顯式。定向對齊往往比顯式對齊更「流暢」，因為這意味著使用更高級別的 OKR 作為開發團隊或個人 OKR 的指南。當組織希望授權其團隊利用他們的創造力和專業知識來實現組織 OKR 時，它運作良好。一個例子是：SaaS 團隊的頂級 OKR 目標是「透過每月實現 5,000 個軟體訂閱來達到有意義的規模」。業務開發團隊可能會創建 OKR 以「找到 1～3 個獲取管道」。

附錄一　OKR 術語表

■ E

Equity Pause　平權停頓

當團隊和個人詢問他們的 OKR 是否具有包容性時，OKR 設置過程中的一個流程步驟。這自然需要分析你是否為每個人的聲音留出了空間，或者方向和目標是否反映了對一個群體的無意識偏見。如果 OKR 被認為具有排他性或偏見，修改它們以使其更具包容性。

Explicit Alignment　顯式對齊

OKR 對齊的兩種類型之一：定向和顯式。顯式對齊往往比定向對齊更「嚴格」，因為它需要使用來自更高級別 OKR 的可衡量的關鍵結果作為你的團隊或個人目標的基礎，然後編寫你自己的一組關鍵結果來支持它。也稱為「繼承」關鍵結果。當組織需要雷射聚焦或應對危機時，它通常效果很好。一個例子是：SaaS 團隊的頂級關鍵結果是「實現 NPS（淨推薦值）高於 90」。行銷團隊將此作為目標，並為其制定了一組關鍵結果：「K1：確保在 12 小時內審核每組表單。K2：確保在 12 小時內審核每封電子郵件。」

■ F

Failure　失敗

達到目標的失敗嘗試。對失敗的恐懼阻礙了許多組織擴大其雄心壯志，尤其是當目標與績效評估或經濟補償相連繫時。但失敗是常見的，可以被視為學習和成長的機會。集體致力於目標也有助於減輕個人因失敗而擔責的恐懼。

Focus　聚焦

注意力的中心。使用 OKR，團隊可以透過僅設置少數 OKR 來確定時間的優先順序。這使得能夠深入了解組織的首要任務並與之保持一

致。OKR 的頭號超能力就是聚焦。

▊ G

Grading OKR　對 OKR 進行評分

在 OKR 週期結束時，團隊確定 OKR 是否已完成，以及達到何種程度。這個過程應該客觀地進行。這些分數應該用於反映上一季度的達成，作為為下一個季度做好準備的一種方式。

Goal　目標

是由於專注工作而達到的目標或期望結果。並非所有目標都是 OKR。但 OKR 是一種高優先順序目標。

Goal Setting　目標設定

是創建和致力於目標的過程。一種有效的目標設定方法包括將目標與目的連繫起來，使其可衡量，並追蹤它們。

▊ I

Individual OKR　個體的 OKR

由個人貢獻者設置和承諾的 OKR。這些 OKR 應與團隊、部門和公司範圍的 OKR 保持一致。它們不同於個人的 OKR。

Input Goals　輸入型目標

定義所需最終狀態的三種方法之一：輸入型、輸出型或結果型。輸入 OKR（或關鍵結果）基於你可以控制的事情，例如測試 3 個行銷活動、重新開機網站或減少組件的重量。如果你的目標是選出一名候選人，則輸入目標可能是「至少敲 10,000 扇門」。

附錄一 OKR 術語表

█ K

Key Result 關鍵結果

OKR 中的「KR」,這些是書面的基準或衡量標準,列出了組織、團隊或個人「如何」實現其目標的計畫。有效的 KR 應該是具體的、有時限的、積極而現實的。最重要的是,KR 是可衡量和可驗證的 —— 它們追蹤實現目標的進度。完成關鍵結果不是主觀的。在 OKR 週期結束時,你要麼滿足性能基準,要麼不滿足。關鍵結果作為一組工作,必須與特定目標有關,並用於指導整個週期的行動。每個目標的關鍵結果不應超過 5 個。

KPI 關鍵績效指標

KPI 是用於衡量組織營運的指標。KPI 衡量可幫助你做出更好決策的基本指標非常重要。例如:KPI 可以追蹤關鍵服務的收入或正常執行時間。一些 KPI 會產生很好的關鍵結果,但它們需要與你的目標保持一致。

█ L

Learning OKR 學習型的 OKR

OKR 的一個常見類別,另外兩個是承諾型和理想型。這種類型鼓勵團隊透過探索未經證實的理論或策略來測試假設或研究新方法。當結果不確定或未定義時,它們可用於定義成功。

█ M

Measurement 衡量

《牛津詞典》對該詞的解釋為「尋找某物的大小、數量或程度的行為或過程」。這是關鍵結果的重要組成部分,因為它允許你準確設置如何確

定你是否（或在多大程度上）實現了預期結果。例如：一支球隊的「贏得超級盃」的目標可能會將他們的關鍵結果設置為：（1）每場比賽傳球進攻累積超過 300 碼；（2）防守允許少於 17 分；（3）特殊團隊單位在回傳覆蓋率方面排名前三。

Metric 度量標準

《牛津詞典》對該詞的解釋為「測量的系統或標準」。一個好的關鍵結果的必要特徵，是一個特定的數字參考點，它決定了目標的實現程度。根據行業或情況，它可能是一個數、字母、統計資料或評級。

Mission Statement 使命宣言

簡短而清晰的陳述，概括了你的組織所做的一切的「原因」。使命宣言通常是頂級 OKR 的原材料。例如：Google 的使命宣言是「組織全世界資訊並使其普遍可用和有用」，所有專案將其貫穿始終。

Moonshot 登月計畫

這是指一個非常大的目標，一開始似乎不可能實現。目的是將標準設定得如此之高，即使在失敗的情況下，團隊也會取得比制定更現實目標時取得的更大進步。諾曼·文森·皮爾（Norman Vincent Peale）曾經說過：「為月球而戰，即使你錯過了，你也會在群星之間著陸。」賴利·佩吉在 Google 也經常採用的理念。

■N

Nested Cadence 嵌套節奏

較大 OKR 週期內的 OKR 週期。例如：許多公司設置年度 OKR，然後使用季度 OKR 週期來實現這些長期目標。

附錄一　OKR 術語表

■ O

Objective　目標

OKR 中的「O」——你（組織、團隊或個人）希望在下一個週期（通常是 90 天）內實現的「什麼」的書面陳述。它描述了一個似乎幾乎無法實現的未來狀態，並且與公司的總體使命和目標保持一致。目標是重要的、簡短的、具體的、面向行動的和鼓舞人心的。三種類型的目標（和 OKR）是承諾型的、理想型的或學習型的。

OKR Champion / Master　OKR 冠軍／大師

在組織內部實施 OKR 的高級宣導者。他們是啦啦隊，看穿組織採用和維護健康 OKR 實踐的過程。它們有助於消除對 OKR 的任何懷疑、不情願或誤解，並為使用該系統的好處和動力樹立榜樣。

OKR Coach　OKR 教練

培訓和支援管理層和團隊使用 OKR 和 CFR 方法和流程的專家。該指導通常包括在制定、實施和完善 OKR 方面的動手幫助，以及解釋如何執行 CFR。

OKR Owner　OKR 所有者

分配給特定 OKR 的人，負責交付 OKR 或關鍵結果。每個 OKR 都有一個所有者，即使完成它的責任是分擔的。所有者不必自己做所有事情，但會傳達其狀態並在進展受阻時召集團隊制定計畫。

OKR Review　OKR 回顧

OKR 若想達到最佳效果，必須定期回顧。他們自然應該成為所有關於目標的對話的一部分，包括一對一以及每週和每月的員工會議。如果

團隊沒有取得預期的進展，定期檢查有助於團隊調整路線。在 OKR 週期結束時，應該有一個更正式的評分過程。對 OKR 進行評分和反思提供了一個機會來慶祝勝利，並分析下次可以做些什麼不同的事情。低分表示需要重新評估，而高分表示有效。

OKR Superpowers　OKR 超能力

OKR 為組織提供了五個強大的優勢或屬性，有助於推動公司的成功。具體來說，這些使它們與其他目標設定系統區別開來的 OKR 優勢是：（1）專注，（2）對齊，（3）承諾，（4）追蹤和（5）挑戰性。

OKR　目標與關鍵結果

「O」代表目標，「KR」代表關鍵結果。OKR 是一種合作目標設定方法，管理層、團隊和個人使用它來設定具有可衡量結果的具有挑戰性的、雄心勃勃的目標。OKR 是你追蹤進度、建立一致性和鼓勵圍繞可衡量目標進行參與的方式。

Outcome Goal　產出型目標

定義所需最終狀態的三種方法之一：透過投入型、產出型或結果型。結果 OKR（或關鍵結果）是最強大的，因為它傾向於描述所需的最終結果本身，而不是你為達到目標所做的工作。結果也比投入或產出更複雜，因為它們更直接地解決了潛在的挑戰 —— 反映了之前和之後。制定一個偉大的成果關鍵結果可能需要額外的時間進行反思，但這引發的對話通常非常有啟發性。例如將續約率提高 10%，或者贏得一場競選。

Output Goal　產出型目標

定義所需最終狀態的三種方法之一：透過投入型、產出型或結果型。產出 OKR（或關鍵結果）是你投入的效果，例如增加銷售收入、達

到績效基準或實現 63% 的訂閱者續訂率。有效產出將行動（投入）嵌入目標中。如果你的目標是選出一名候選人，則產出關鍵結果可能是「讓 20,000 人承諾為她投票」。

▌P

Parent OKR　父 OKR

已分解為一個或多個「子 OKR」的 OKR。大多數父級 OKR 是透過組織內逐層分解發生的。但是，OKR 也可以「上升」到更高級別的 OKR。激發「子 OKR」的 OKR 稱為「父 OKR」。

Personal OKR　個人 OKR

在辦公室外用於個人或生活目標的 OKR。例如：約翰·杜爾曾談到為他的家人使用 OKR。他的目標之一是與家人共度更多美好時光。他的 KR 包括每月至少 20 晚家庭聚餐。雖然個人目標可能涉及職業發展，但個人 OKR 與個體 OKR 不同。

Private OKR　私密 OKR

針對包含敏感或機密資訊的目標的 OKR，這些資訊僅在特定團隊之間共用。它們應該謹慎使用，或者為它們在整個組織中公開共用的時間設定時間表。

Progress　進展

朝著目標的積極運動。進步是透過基準來衡量的，這些基準清楚地顯示你是否正在朝著目標前進。完成待辦事項清單是一個流程步驟，並不追蹤目標的實際進度。這就是很重要的原因為什麼大多數（如果不是全部）KR 都是基準。

Q

Quality Key Result　品質關鍵結果

側重於減少意外後果的關鍵結果的任何意外後果，例如危害安全、公司聲譽或道德行為。將品質 KR 與數量 KR 配對可以幫助加強 OKR。例如：如果你正在製造一輛汽車，安全應該和速度一樣重要。

S

Sandbagging　沙袋現象

設定故意壓低的目標，因此很容易超額交付。沙袋在害怕失敗的文化中很普遍。但沙袋也阻礙了組織的創新和發揮其全部潛力。

Stretch Goal　挑戰性的目標

一個高努力、高風險的目標，旨在幫助團隊創新或達到正常績效的 10 倍。挑戰性目標的關鍵是團隊必須重新思考如何最好地利用他們的資源。

Strategic Planning　策略規劃

組織實現其長期目標的總體計畫。OKR 不能替代策略規劃。OKR 只是組織在 OKR 週期中的優先事項。但是，OKR 應與策略保持一致。

T

Team OKR　團隊 OKR

由較大組織內的團隊設置並擁有的 OKR。團隊 OKR 與更高級別的 OKR 保持一致，或者透過向下或向上分解的方式直接與任務保持一致。

Tracking　追蹤

監控或遵循 OKR 以確保它們正在工作並實現預期結果是該方法成

功的關鍵。OKR 不應該放在架子上，它們應該定期檢查並每季度評分。
這個過程在 CFR 中被賦予生命，這有助於根據需要進行對話、修訂和調
整。OKR 的第四大超級能力是追蹤問責制。

Transparency　透明度

可見、公開共用、所有人都能看到。OKR 的主要優點之一是每個人
的目標，從 CEO 到員工都是公開分享的。這為更深入的對話、更有效的
關注和合作以及部門之間的協調鋪平了道路。公開共用的 OKR 顯示了每
個人的工作、團隊努力、部門專案和組織的整體使命之間的連繫，這就
是為什麼透明度是 OKR 能取齊的原因。

█ V

Value　價值

組織之間共用的理想或信念。公司的價值觀應該通知他們的 OKR，
公司的 OKR 應該與其價值觀保持一致。

█ W

Work Plan　工作計畫

包含完成專案、計畫或目標的具體步驟的路線圖。工作計畫與 OKR
不同。OKR 是組織的優先事項，可以為工作計畫提供資訊。

附錄二
常見職位 OKR 樣例庫

1. 通用

1.1 人員管理

目標 （Objective）	**練習成為一個卓越的經理人** 這種領導方法應該應用於所有部門中具備人員管理職責的領導。
關鍵結果 （Key Results）	• 將人員置於流程之上（例如：寫 ×× 張手寫卡給團隊成員以慶祝達成里程碑） • 將行動置於分析之上（例如：將構建－測量－學習這一週期縮短 ×× 週） • 將績效置於考勤之上（例如：確保每個團隊成員都記錄了 OKR，並按照計畫參加會議） • 傾聽重於宣講 • 意願重於技能（例如：與你的團隊進行每月 ×× 次的輔導課程）
目標 （Objective）	**提升你的管理技能** 優秀的管理人員可以保持團隊敬業度、高績效並留住人才。即使你已經是一位出色的經理，也總有改進的餘地。讓我們齊心協力，繼續傾聽，學習和發展我們的管理技能，並建立一種分享和對回饋採取行動的文化。
關鍵結果 （Key Results）	• 每月至少向每個直屬下屬提供 ×× 條可行的回饋意見 • 每月至少從每個直屬下屬處獲得 ×× 條可行的回饋意見 • 每月至少要和每個直屬下屬進行 ×× 次職業對話 • 本季度與 ×× 位管理教練／導師會面 • 在季度末根據員工的回饋採取行動並與團隊一起檢查你的進度

目標 （Objective）	**提升員工敬業度** 一個敬業的團隊可以提升工作效率，工作愉快，並最終為組織帶來更多收入。讓我們集中精力建立一種重視開放式溝通、回饋、問責制的文化，這種文化最終會使人們對在這裡工作感到興奮。
關鍵結果 （Key Results）	● 每月敬業度調查完成度達 ××%以上 ● 分析領導團隊的敬業度數據 ● 就敬業度調查研究結果和後續步驟與公司溝通 ● 開始與團隊進行留用訪談
目標 （Objective）	**建立團隊績效管理** 我們將在整個組織中實施哪些框架來幫助領導者及其團隊衡量績效？從目標追蹤到季度績效評估，讓我們確定團隊的績效管理是什麼樣的。
關鍵結果 （Key Results）	● 選擇績效管理框架 ● 量身定製並與團隊共用績效管理流程 ● 在年底之前使團隊全面參與績效管理 ● 收集有關領導效能的調查回饋
目標 （Objective）	**提升雇主品牌** 我們不僅要提升我們作為雇主的聲譽，還要確保每個人都知道我們也是誰。
關鍵結果 （Key Results）	● 員工淨推薦值提升 ××% ● 將員工平均服務年限增加 ×× 個月 ● 在社群媒體上分享 ×× 個員工故事 ● 完成工作描述語音和語氣指南 ● 在當地出版物中獲得「最佳工作場所」獎
目標 （Objective）	**將員工流失率從 ××%降低到 ××%** 我們在為團隊招募優秀人才方面做得很出色。讓我們確保在保留員工方面也同樣出色。

關鍵結果 （Key Results）	• 與經理一起為每個員工制定一個發展計畫 • 學習和發展預算 ××% 使用於每位員工 • ××%的經理與他們的團隊進行一對一談話 • ××%的績效回饋完成 • 管理人員接受了某些概念的培訓（坦誠坦率、心理安全、績效改進計畫等）
目標 （Objective）	**建立和發展世界一流的團隊** 讓我們建立一個不僅有效並且可以幫助我們實現願景的團隊，而且每天都非常高興能夠上班。
關鍵結果 （Key Results）	• 將員工敬業度得分從 ××% 提升到 ××% • 提供給候選人的錄取通知書的 ××% 以上被接受 • 提升雇主品牌知名度，使總申請人數增加 ××%
目標 （Objective）	**在整個團隊中實施新的一對一計畫，以促進經理與其直屬下屬之間更好的溝通** 一對一是建立信任、分享回饋和與每個團隊成員互動的好機會。一對一提供了一個專門的時間和地點來討論一切從路障到職業抱負，使他們獨當一面。
關鍵結果 （Key Results）	• 選擇一對一的會議平臺 • 選擇未來 ×× 個月的 ×× ～ ×× 個主題供團隊改進（即成長、溝通、激勵） • 與所有人員管理者會面，介紹概念並討論主題 • 將概念介紹給整個團隊，並確保每個經理與其直屬下屬安排會議 • 確保每個經理在每一個與主題相關的一對一中都會提出發人深省的問題 • 每個月與你的經理核實，以確保沒有取消任何一對一會議，並且只因假期或緊急情況而重新安排 • 本季度閱讀一本關於溝通或提問的書

附錄二　常見職位 OKR 樣例庫

1.2 多元化和包容性

目標 （Objective）	**在內部建立多元化和包容性委員會** 每個月每個部門至少召集一個人，在組織範圍內開展新的多元化和包容性工作。將本委員會視為公司範圍內的問責制合作夥伴，以確保每個人都專注於創建一個讓每個人都感到舒適，安全並能夠蓬勃發展的包容性場所。
關鍵結果 （Key Results）	• 建立 ×× 公司多元化與包容性理事會，並每月召開 ×× 次定期會議 • 本季度每月執行一項計畫（即要求公司中的每個人在其電子郵件簽名中標識首選代詞） • 透過理事會運行所有職位描述，以幫助人力資源確保多樣化的候選人 • 尋找並聘請多元化和包容性顧問與公司舉行會議

目標 （Objective）	**使會議展現對所有人的包容** 無論你是一家跨國公司，還是住在同一座城市，請確保你正在為所有參與者進行包容性的會議。
關鍵結果 （Key Results）	• 以遠端第一的心態處理每次會議 • 透過適應不同的時區，確保在安排所有會議時都考慮到所有參與者 • 使用共用的議程讓所有參與者有時間進行事先審查和準備（這對於母語不是英語的參與者以及希望花更多時間處理的參與者很有幫助） • 記錄會議紀錄並在每次會議後向所有參與者發送筆記 • 每次會議後尋求員工回饋

目標 （Objective）	**在 ×× 公司為多元化和包容性建立業務案例** 多樣性和包容性是我們所有人都能擁有的，而不僅僅是人力資源或領導層。讓我們擁護一個歡迎所有類型的人並且能夠蓬勃發展的環境。

關鍵結果 （Key Results）	• 進行調查和訪談以獲取有關員工如何理解多樣性和包容性，他 　們面臨的問題以及他們希望看到的解決方案的定量和定性資料 • 進行研究以收集支持你的主張／發現的相關事實 • 與人力資源和領導層一起制定本季度的行動計畫 • 設置每月檢查點以根據行動計畫檢查進度 • 發送季度調查以追蹤改進並確定新的改進領域

1.3 個人發展

目標 （Objective）	**透過時間管理提升效率** 整理和管理你的時間，以充分利用每分每秒，避免混亂，並確保 你始終處於最佳狀態。
關鍵結果 （Key Results）	• 每個星期日晚上花一個小時安排優先順序並計畫你的一週 • 使用每天的前 ×× 分鐘來確定當天需要完成的工作的優先順序 • 在接下來的 ×× 週裡，每天都使用「番茄工作法」 • 在每天結束時花 ×× 分鐘的時間查看你的達成
目標 （Objective）	**增強韌性** 韌性是幫助我們應對挑戰的肌肉。它可以幫助我們在逆境中找到 機會，在失敗中繼續前進，應對變化，也許最重要的是，它使我 們有勇氣冒險和嘗試新事物。
關鍵結果 （Key Results）	• 每天花費 ×× 分鐘鍛鍊正念（例如：冥想頂空） • 每 ×× 週與教練會面一次，以專注於適應力 • 每週進行一次自我指導的回顧會議，以探索你有韌性的地方和 　可以改善的地方（例如：脆弱、虛弱、僵硬）
目標 （Objective）	**閱讀 ×× 本出色的領導力著作** 向專家學習，提升你的人員管理技能。
關鍵結果 （Key Results）	• 閱讀 Kim Scott 的 *Radical Candor* • 閱讀 Andy Grove 的 *High Output Management* • 閱讀朱莉・卓（Julie Zhuo）的管理者之作

附錄二　常見職位 OKR 樣例庫

目標 （Objective）	**提升公眾演講技巧** 提升你的演講技巧，同時更深入地探討與你的角色相關的主題。
關鍵結果 （Key Results）	• 研究一個課題 • 創建一個 5 ～ 10 分鐘的演示文稿 • 在本季度末給團隊做演示

目標 （Objective）	**提升溝通技巧** 推動自己成為更好的溝通者。
關鍵結果 （Key Results）	• 本季度兩次在演示日上展示 • 每兩週與另一個部門的新人見面 • 為我們的公司部落格撰寫一篇文章 • 本季度領導一次集思廣益會議

1.4 職業發展

目標 （Objective）	**更具策略性地思考** 策略性思考可以幫助你查看更大的圖景，將不同事物之間的點連接起來，並了解這些事物如何影響業務。
關鍵結果 （Key Results）	• 參加並觀察本季度公司內部的 ×× 次策略計畫會議 • 今年參加 ×× 項策略性思維或計畫課程 • 閱讀 ×× 本商務書籍（即「牽引力」和「精益創業」）

目標 （Objective）	**提升回饋技巧** 回饋有助於建立信任，並為成長（為給予者和接受者）打開大門。學會有效地給予和接受回饋，以便你可以使人們（和你自己）承擔責任，同時仍然表現出關懷、支持和同情。
關鍵結果 （Key Results）	• 閱讀「創建回饋文化」一書 • 每週至少一次詢問你的經理或團隊成員的回饋 • 使用感覺－行為－影響（FBI）或情境－行為－影響（SBI）模型，每天至少提供一次建設性回饋

目標 （Objective）	**打造你的人脈** 會見並向你結識的新朋友學習。
關鍵結果 （Key Results）	• 參加會議或本地聚會 • 與目前正在擔任你 ×× 年內想要成為的角色的人一起喝咖啡 • 聯絡並結識你所在領域的 ×× 位新朋友
目標 （Objective）	**建立跨職能知識** 對公司內其他部門的運作方式獲得更深入的了解。
關鍵結果 （Key Results）	• 與另一個部門的某人合作進行一個專案 • 加入其他 ×× 個部門的團隊會議 • 與公司內你要向他學習的人定期舉行點對點會議
目標 （Objective）	**加速學習** 學習和發展技能，以幫助你更快地成長並取得成功。
關鍵結果 （Key Results）	• 閱讀有關 ××（話題名）的 ×× 本書 • 與 ××（目標角色）的人進行 ×× 次咖啡聊天 • 撰寫有關 ××（與你的學習目標有關的主題）的文章 • 每月進行 ×× 次教練課程（員工－經理）

1.5 遠端工作

目標 （Objective）	**擁有遠端工作的終極配置** 這裡是你在家中創建高效工作區所需的一切的清單！
關鍵結果 （Key Results）	• 硬體：電腦，螢幕，鍵盤，滑鼠，加密狗／配接器，消除噪音的耳機，出色的麥克風，網路攝影機 • 辦公桌（如果你可以將其變成站立式辦公桌，則可加分！） • 人體工學椅 • 如果可能的話：私密和安靜的房間 • 強大的 Wi-Fi 連接 • 咖啡機 • 植物、藝術品或其他可以激發你靈感或使你放鬆的事物

目標 （Objective）	**保持團隊連接** 遠端工作者面臨的最大挑戰之一就是體驗孤獨感。讓我們確保我們正在盡一切努力在工作中建立一種文化，使每個人不僅可以在工作中交流，還可以保持連結。
關鍵結果 （Key Results）	• 在我們的溝通管道中啟動「咖啡約會」應用（即 Slack 中的「甜甜圈」） • 在我們的通訊應用中創建 ×× 個新頻道，以將具有相似愛好（# 寵物 # 旅行 # 紅酒乳酪俱樂部）的人連繫起來 • 本季度為你所在地區的同事舉辦 ×× 次本地和面對面的活動
目標 （Objective）	**召開遠端優先會議** 隨著遠端工作的興起，管理人員需要以遠端優先心態處理會議，以便具有包容性，富有成效，並保持團隊中每個人的溝通管道暢通。
關鍵結果 （Key Results）	• 確定會議的技術堆疊 • 透過適應不同的時區，確保在安排所有會議時都考慮到所有參與者 • 使用共用的議程，讓所有參與者有時間預先審查，做出貢獻並為會議做準備 • 記錄會議紀錄並在每次會議後向所有參與者發送筆記

■ 2. 業務拓展部

2.1 業務拓展

目標 （Objective）	**成功拓展歐洲市場**
關鍵結果 （Key Results）	• 選擇首發國家／地區，並與至少 ×× 個轉銷商簽訂合約 • 達到 ×× 的平均訂單價值 • 與轉銷商緊密合作，並在 ×× 天內（最多 ×× 天）將所有第一筆訂單售罄

目標 （Objective）	改善我們新的市場機會決策流程
關鍵結果 （Key Results）	• 分析最近的新市場進入並商定 ×× 個成功標準 • 根據成功標準，分析並獲得至少 ×× 個新的市場機會 • 獲得 ×× 位外部公司專家的確認，這兩個得分最高的市場選擇是最佳選擇
目標 （Objective）	完成為我們的成長需求籌集的新資金
關鍵結果 （Key Results）	• 與風險投資人建立連繫並舉行 ×× 次初次會議 • 至少召開 ×× 個再次聯絡會議或電話會議 • 至少徵求 ×× 個滿足我們最低要求條款的報價單 • 完成至少 ×× 美元的投資前一輪融資
目標 （Objective）	使用 OKR 等保持專注、一致和有效
關鍵結果 （Key Results）	• 在所有團隊中，平均每週計畫完成率均達到＞××% • 透過 ×× 週的每週團隊總結來記錄關鍵的學習成果 • ××%的人在民意調查中確認他們對 OKR 有實際的了解
目標 （Objective）	精益求精，在我們所做的任何事情中都要做到最好
關鍵結果 （Key Results）	• 所有 ×× 個團隊都要進行內部腦力激盪會議：「我們如何改進？為什麼我們還不是最好的？」並提出 ×× 項改進 • 將與產品相關的所有內容和 ×× 個主要競爭對手對標比較 • 獲得 ×× 位客戶關於他們對我們需要改進的想法的調查回饋 • 創建 ×× 個公司範圍內改進領域的列表

3. 客戶管理

3.1 客戶導入專家

目標 （Objective）	增加客戶獲取活動
關鍵結果 （Key Results）	• 作為任何潛在新客戶的第一聯繫點，請確保你隨時可以為你提供幫助並將他們轉換為付費客戶。 • 本季度進行 ×× 場客戶演示 • 本季度預定 ×× 個出站會議 • 達到 ××% 或更高的銷售拜訪－成交比率 • 將你的客戶清單中的每月經常性收入每月增加 ××%
目標 （Objective）	充當客戶的聲音 作為新客戶的客戶關係負責人，重要的是，你要表達整個組織中客戶所關心的所有疑慮，困惑，猶豫和其他事情。與客戶最接近的會贏得勝利，而你在幫助我們成為該公司方面扮演著至關重要的角色。
關鍵結果 （Key Results）	• 在公司每月一次全員大會中分享影片評論（客戶拜訪的要點） • 創建 ×× 個客戶情況說明書，與業務、市場行銷、產品和工程部門共用，以提供客戶參考、案例研究和研究電話 • 跨職能工作以解決客戶升級問題，並達到 24 小時或更短的平均解決時間
目標 （Objective）	讓我們的客戶開心 在團隊的幫助下，確定客戶的「第一價值」要點，並朝著快速實現這一目標邁進。這將幫助我們確保客戶了解我們為他們提供的總價值。
關鍵結果 （Key Results）	• 將客戶的導入流程時間從 ×× 天減少到 ×× 天 • 將本季度的客戶流失率從 ××% 降低到 ××% • 將本季度的客戶 NPS（淨推薦值）分數從 ××.×× 提升到 ××.×× • 將來自客戶的有關入職混亂的支持工單減少 ××%

目標 （Objective）	**成為產品專家** 作為面對客戶的人，重要的是你對我們的產品有深刻的了解，以更好地為我們的客戶服務。成為我們產品的狂熱使用者還可以幫助你更好地了解我們客戶的價值。
關鍵結果 （Key Results）	• 與產品經理每月舉行一次同儕會議 • 本季度編寫有關 ×× 個新功能的幫助文件 • 審閱 ×× 個現有幫助文件，以確保它們與當前產品功能保持更新 • 與團隊分享來自 ×× 位客戶的寶貴客戶回饋，以幫助改進我們的產品

3.2 客戶管理經理

目標 （Objective）	**線束自動化使我們的低接觸客戶獲得成功** 在不影響客戶體驗的情況下管理大量客戶。
關鍵結果 （Key Results）	• 部署電子郵件宣傳，以將我們的低接觸細分市場中的產品使用量提升 ××% • 對電子郵件宣傳進行 ×× 次 A / B 測試，以提升宣傳的效果 • 試用轉換率達到 ××%
目標 （Objective）	**減少我們的價值實現時間** 讓試用和付費客戶更快地獲得第一價值，以便他們可以開始使用和擁護我們的產品。
關鍵結果 （Key Results）	• 將兩週功能的採用率提升 ××% • 在 ×× 天之內完成產品配置（客戶資料整合全部完成） • 在 ×× 天之內完成客戶完全導入
目標 （Objective）	**維護管理良好的客戶清單** 使記錄和分析你的工作變得輕鬆而不痛苦。
關鍵結果 （Key Results）	• 確保／維護更新每週報告的所有客戶的運作指標 • 根據每兩週一次的節奏對品質和定性資訊進行報告，以準備高品質的客戶評論（如果有的話）

目標 （Objective）	**維持並改善你的客戶活動** 當我們的客戶管理時，我們就成功！
關鍵結果 （Key Results）	• 導入 ×× 個新客戶 • 做 ×× 場培訓 • 對分配給你的客戶維持至少 24 小時內回應 • 客戶調查研究中保持超過 ××% 得分「綠色」
目標 （Objective）	**為你的客戶帶來成功的成果** 增加收入和整體客戶滿意度。
關鍵結果 （Key Results）	• 續簽率提升 ××%，流失率降低 ××% • 透過交叉銷售和向上銷售將每月經常性收入擴大 ×× 美元 • 將採用率，客戶滿意度和整體健康評分提升 ××% • 維持最低淨推薦值得分 ×× • 續訂 ×× 的年度經常性收入
目標 （Objective）	**淨推薦值從 ×× 增加到 ××** 最貼近客戶者獲勝。讓我們集中討論如何改善當前和未來客戶的體驗。
關鍵結果 （Key Results）	• 獲得 ×× 個客戶對產品改進的回饋 • 對活躍客戶進行 ×× 次電話採訪 • 對至少 ××% 的流失客戶進行電話採訪 • 辨識並與 ×× 位新產品宣導者建立連繫 • 添加 ×× 條新文章到幫助中心

3.3 客戶支援經理

| 目標
（Objective） | **每天指導你的客戶支援代表**
選擇正確的 KPI 可以幫助你的團隊聚焦，但是如果沒有正確的指導和指導，你就無法提升客戶的業績。每天花時間來提升團隊績效，並教給代表新的技能和行為，從而促成成功。但是請記住，教練和回饋應該是有系統的——你不需要正式的一對一或會議來注意到和加強正確的行為。 |

關鍵結果 （Key Results）	• 同所有直接管理的下屬安排定期的一對一會議 • 每月填寫 ×× 個代表記分卡 • 就 ×× 個代表的互動留下詳細且可行的回饋 • 每天結束時查看團隊 ××%的結帳績效指標 • 透過本月共用 ×× 次來養成提供即時回饋共用的習慣 • 每月與團隊中的每個成員共進午餐、喝咖啡或計劃休息時間 • 每天分享你的勝利和認可 • 每天撥打電話中有 ××%認為是優質的對話
目標 （Objective）	**選擇代表可控制的指標** 有些指標是出色的呼叫中心指標，但不一定是出色的座席指標，因為你的座席無法直接影響它們。相反，如果僅關注效率指標（例如「平均處理時間」），則由於支援人員急於改進基於時間的指標，你的總體互動品質可能會受到影響。不僅要把速度放在首位，還要在效率與客戶品質指標以及團隊敬業度指標之間取得平衡。
關鍵結果 （Key Results）	• 平衡效率指標（如平均處理時間和等待時間）與品質指標（如客戶滿意度和首次呼叫解決率），並為每個代表設置個性化的 OKR • 設置和衡量 ×× 個員工至上的指標，例如本季度每個代表的培訓投資和轉移率（除標準 KPI 之外） • 每週圍繞客戶工作量設置 ×× 個目標，並在 ×× 週內追蹤重複致電的次數，以優先考慮本季度的長期客戶成果 • 向領導團隊提供 ×× 個概述，了解你的營運在季度末如何影響代理和客戶情緒（使用定性資料和定量資料的組合） • 為你的團隊啟動員工調查計畫，並每月測量代表的情緒
目標 （Objective）	**提升客戶滿意度分數** 提升客戶支援團隊的效率和效力，以幫助客戶獲得快速（持久）的解決方案，從而帶來更高的幸福感和自願的品牌宣傳。

關鍵結果 （Key Results）	<ul><li>選擇 ×× 項手動座席任務以實現自動化（你的客戶也會感到繁瑣的座席工具的摩擦）</li><li>將首次聯絡的解決率提升 ××%</li><li>親自跟進 ×× 項正面和負面的客戶滿意度調查，以了解你的團隊的工作狀況以及改進的方面</li><li>實施回訪程式，以便客戶可以保持自己的位置，而不必在本季度末依舊被擱置</li><li>每月對重複呼叫者的數量進行分析，以查看引發重複呼叫的原因，並在內部進行工作以解決前 ×× 個問題</li></ul>

3.4 客戶支援專員

目標 （Objective）	**盡力獲取支持並利用這些知識來使公司受益** 俗話說，「最貼近客戶者勝」。確保我們在提供客戶支援方面做得很出色，並透過在內部為客戶發聲，正在增加與客戶的對話的影響。
關鍵結果 （Key Results）	<ul><li>在第 1 個月期間，保持對講機（支援系統）的卓越／良好＞××%</li><li>在第 2 個月期間，保持對講機（支援系統）的卓越／良好＞××%</li><li>在第 3 個月期間，保持對講機（支援系統）的卓越／良好＞××%</li><li>在員工大會中分享 ×× 個小於 ×× 分鐘的客戶呼叫，該呼叫可以產生預期的影響（即：我們知道我們試圖透過呼叫傳達的資訊，並且當我們問到之後的人時，他們是否記得關鍵點）</li></ul>
目標 （Objective）	**改善我們的客戶知識庫** 確保我們的知識庫／幫助中心為客戶提供有關 ×× 公司所需的所有資訊。從文件到影片，請確保我們能夠在幫助中心內回答客戶的常見問題。

關鍵結果 （Key Results）	• 查看並更新我們的幫助中心文章中的 ×× 篇文章，以解決產品更改問題 • 每季度有 ×× 位客戶提出類似問題時，都要創建一個幫助文件 • 根據發現的差距創建 ×× 個新的幫助文件 • 與產品部門一起合作，以在新功能發布之前為它們創建幫助文件
目標 （Objective）	**本季度將客戶滿意度平均水準從 ××%提升到 ××%** CSAT 是客戶滿意度的簡稱，是一種常用的 KPI，用於追蹤客戶對我們公司的產品和服務的滿意程度。讓我們確保為每個客戶提供最佳體驗。
關鍵結果 （Key Results）	• 確保 ××%的郵件是個性化的（即使用客戶的姓名，引用個人資訊等） • 將第一次響應的等待時間從 ×× 小時減少到 ×× 分鐘 • 將向工程團隊的工單升級減少 ××% • ××%的客戶滿意度評分評論包含服務品質投訴
目標 （Objective）	**成為產品專家** 作為面對客戶的人，重要的是你對我們的產品有深刻的了解，以更好地為我們的客戶服務。成為我們產品的狂熱使用者還可以幫助你更好地了解我們客戶的價值。
關鍵結果 （Key Results）	• 與產品經理每月舉行一次同儕會議 • 本季度編寫有關 ×× 個新功能的幫助文件 • 審閱 ×× 個現有幫助文件，以確保它們與當前產品功能保持更新 • 與團隊分享來自 ×× 位客戶的寶貴客戶回饋，以幫助改進我們的產品

附錄二　常見職位 OKR 樣例庫

3.5 客戶管理總監

目標 （Objective）	**以客戶為中心** 透過確保客戶回饋驅動你的產品和工程團隊，確保你的團隊專注於正確的事情。充當客戶的內部聲音，以確保客戶的回饋推動業務成果。
關鍵結果 （Key Results）	• 每月與 ×× 位新客戶取得聯絡，以收集有關產品／服務的回饋 • 每月與 ×× 個客戶聯絡，以提供改進產品／服務使用的建議 • 每月向工程團隊提供 ×× 點客戶回饋，以評論和確定應討論的問題的優先順序
目標 （Objective）	**練習成為一個卓越的經理人**
關鍵結果 （Key Results）	• 將人員置於流程之上（例如：寫 ×× 張手寫卡給團隊成員以慶祝達成里程碑） • 將行動置於分析之上（例如：將構建－測量－學習這一週期縮短 ×× 週） • 將績效置於考勤之上（例如：確保每個團隊成員都記錄了OKR，並按照計畫參加會議） • 傾聽重於宣講 • 意願重於技能（例如：與你的團隊進行每月一次的輔導課程）
目標 （Objective）	**提升你的管理技能** 優秀的管理人員可以保持團隊敬業度、高績效並留住人才。即使你已經是一位出色的經理，也總有改進的餘地。讓我們齊心協力，繼續傾聽，學習和發展我們的管理技能，並建立一種分享和對回饋採取行動的文化。
關鍵結果 （Key Results）	• 每月至少向每個直屬下屬提供 ×× 條可行的回饋意見 • 每月至少從每個直屬下屬處獲得 ×× 條可行的回饋意見 • 每月至少要和每個直屬下屬進行一次職業對話 • 本季度與一位管理教練／導師會面 • 在季度末根據員工的回饋採取行動並與團隊一起檢查你的進度

目標 （Objective）	**成功舉辦客戶「高管業務回顧」** 為中端市場客戶實施思慮周到且定義明確的高管業務評估，以擴大規模並提升客戶滿意度。
關鍵結果 （Key Results）	• 每個客戶管理經理每季度舉行 ×× 個高管業務回顧 • 每個客戶管理經理每季度從高管業務回顧中產生 ×× 次加售 • ××%的高管業務回顧中達到 5 星級滿意度（透過調查測得）
目標 （Objective）	**維持和改善客戶管理活動** 為團隊提供成功和實現全公司目標所需的支援。
關鍵結果 （Key Results）	• 成功導入 ×× 位新客戶 • 協助進行 ×× 次培訓 • 在支援佇列中保持最多 24 小時回應時間 • 客戶調查研究中保持超過 ××%得分為「綠色」
目標 （Objective）	**優化和改善客戶生命週期** 貼近客戶者取勝。完善並創建個性化的客戶旅程。
關鍵結果 （Key Results）	• 審查和修改客戶旅程 • 優化整個客戶旅程中的 KPI ／傾聽點（例如：產品指標、客戶滿意度等） • 概述客戶旅程中的干預點 • 定義客戶並將其細分為 ×× 個子旅程

3.6 客戶管理副總裁

目標 （Objective）	**練習成為一個卓越的經理人**

附錄二 常見職位 OKR 樣例庫

關鍵結果 （Key Results）	<ul><li>將人員置於流程之上（例如：寫 ×× 張手寫卡給團隊成員以慶祝達成里程碑）</li><li>將行動置於分析之上（例如：將構建－測量－學習這一週期縮短 ×× 週）</li><li>將績效置於考勤之上（例如：確保每個團隊成員都記錄了 OKR，並按照計畫參加會議）</li><li>傾聽重於宣講</li><li>意願重於技能（例如：與你的團隊進行每月一次的輔導課程）</li></ul>
目標 （Objective）	**在整個團隊中實施新的一對一計畫，以促進經理與其直屬下屬之間更好的溝通** 一對一是建立信任、分享回饋和與每個團隊成員互動的好機會。一對一提供了一個專門的時間和地點來討論一切從路障到職業抱負，使他們獨當一面。
關鍵結果 （Key Results）	<ul><li>選擇一對一的會議平臺</li><li>選擇未來 ×× 個月的 ×× ～ ×× 個主題供團隊改進（即成長、溝通、激勵）</li><li>與所有人員管理者會面，介紹概念並討論主題</li><li>將概念介紹給整個團隊，並確保每個經理與其直屬下屬安排會議</li><li>確保每個經理在每一個與主題相關的一對一中都會提出發人深省的問題</li><li>每個月與你的經理核實，以確保沒有取消任何一對一會議，並且只因假期或緊急情況而重新安排</li><li>本季度閱讀一本關於溝通或提問的書</li></ul>
目標 （Objective）	**了解是什麼打動我們的客戶並將其應用到我們的客戶管理實踐中** 建立一種文化，讓客戶管理經理分析客戶流失，分享他們的經驗並將其應用於未來的客戶。鼓勵客戶管理經理在整個組織中共用此回饋的環境。

關鍵結果 （Key Results）	• 至少對 ××%的企業客戶進行事前分析，以便我們可以預測流失的威脅並提前採取行動 • 每月舉行一次會議，每個客戶管理經理都會就至少一個客戶問題或工作流問題以及他們如何解決這些問題提出建議 • 指定 ×× 個客戶管理經理在每個演示日或公司員工大會展示調查結果 • 為至少 ××%流失的企業客戶運行複盤 • 為至少 ××%的企業客戶運行季度商業回顧
目標 （Objective）	**提升你的管理技能** 優秀的管理人員可以保持團隊敬業度、高績效並留住人才。即使你已經是一位出色的經理，也總有改進的餘地。讓我們齊心協力，繼續傾聽，學習和發展我們的管理技能，並建立一種分享和對回饋採取行動的文化。
關鍵結果 （Key Results）	• 每月至少向每個直屬下屬提供 ×× 條可行的回饋意見 • 每月至少從每個直屬下屬處獲得 ×× 條可行的回饋意見 • 每月至少要和每個直屬下屬進行一次職業對話 • 本季度與一位管理教練／導師會面 • 在季度末根據員工的回饋採取行動並與團隊一起檢查你的進度
目標 （Objective）	**激發整個公司的客戶管理** 成為我們空間中最受客戶驅動的公司。
關鍵結果 （Key Results）	• 制定並啟用公司範圍內的輪換支持職責 • 在本季度培訓並安排 ××%的非客戶服務員工在客戶支援輪班 • 在全公司範圍內分享 ×× 個客戶案例（獲勝／失敗） • 將行銷團隊與 ×× 個客戶連繫起來進行訪談 • 將產品團隊與 ×× 個客戶連繫起來以獲得產品洞察力和回饋 • 將銷售團隊與 ×× 個客戶連繫起來以獲取潛在客戶推介故事 • 推動公司範圍內理想客戶的定義

目標 （Objective）	**提升我們客戶管理組織的規模和效率** 用有助於我們有效擴展規模的流程來武裝團隊。
關鍵結果 （Key Results）	• 每個客戶管理經理管理的客戶數增加 ××% • 每個客戶支援代表管理的合約量增加 ××% • 將可用的推薦和案例研究增加 ××%
目標 （Objective）	**建立並領導世界一流的客戶管理團隊** 快樂、高效的客戶管理團隊可以創造更好的客戶。
關鍵結果 （Key Results）	• 招聘經驗豐富的領導者擔任 ×× 個職能職位 • 僱用 ×× 位表現出色的個人貢獻者 • 將客戶管理經理的啟動時間減少 ××% • 確保 ×× 會議達到 ××% 或更高的評級 • 為團隊中的每個成員設置至少 ×× 個專業發展目標
目標 （Objective）	**衡量客戶管理團隊的有效性** 概述成功的面貌，使你的團隊保持一致。
關鍵結果 （Key Results）	• 按細分定義／優化團隊的營運指標 • 完善／建立追蹤客戶指標的系統 • 每 ×× 週進行一次有效的客戶審查會議 • 每週向高管團隊和公司報告指標的子集
目標 （Objective）	**維持和改善客戶管理活動** 為團隊提供成功和實現全公司目標所需的支援。
關鍵結果 （Key Results）	• 成功導入 ×× 位新客戶 • 協助進行 ×× 次培訓 • 在支援佇列中保持最多 24 小時回應時間 • 客戶調查研究中保持超過 ××% 得分為「綠色」

▋4. 工程部／研發部

4.1 後臺工程師

目標 （Objective）	**繼續累積你的技術知識** 你的技術技能是強大的工程團隊的基礎，我們希望看到你將這些技能發展成為強大的團隊成員。
關鍵結果 （Key Results）	• 本季度將查詢載入時間減少 ××% • 遷移 API 以使用 ×× 引擎 • 重構整體代碼以將其分解為更多的模組化部分（即更好的設計模式、微服務等） • 與 API 團隊一起舉辦 ×× 個有關相關技術的研討會
目標 （Objective）	**提升你的溝通和指導技能** 開發世界一流的產品並不是一個單打獨鬥的計畫。成功的工程師知道與同行，產品團隊和其他業務部門合作的重要性。
關鍵結果 （Key Results）	• 提供一個關於後臺主題的學習 • 就你當前使用的語言或流程寫一篇部落格文章 • 入職並培訓一名新的後臺工程師，以幫助他們在本季度更快地發展技能 • 在本季度每兩週一次的一對一會議中指導我們團隊的初級後臺工程師
目標 （Objective）	**提升我們的後臺代碼品質** 客戶喜歡的高品質產品從每一行代碼開始。確保我們維持最強的代碼品質將為其餘業務定下基調，並有助於避免問題。
關鍵結果 （Key Results）	• 在本季度的第一個月底之前，將集成測試引入代碼中 • 到本季度末，將 API 應用於監控系統 • 本季度重構至少 ×× 個查詢問題

附錄二 常見職位 OKR 樣例庫

4.2 技術長（CTO）

目標 （Objective）	**確保我們的技術領導者成功** 我們的領導者是否擁有有效管理團隊所需的知識和支援？以身作則，著重於樹立領導才能的文化。
關鍵結果 （Key Results）	• 100%保留經驗豐富的技術領導者 • 本季度將為所有副總裁和總監級別的領導者開展有效的領導力培訓 • 所有工程 1：1 的會議評級為 ××%以上
目標 （Objective）	**確保我們技術團隊的營運成功** 為了確保工程團隊的成功，重要的是我們擁有適當的技術和程序以減少摩擦並簡化和／或自動化過程。
關鍵結果 （Key Results）	• 產品開發程序定義明確，產品，工程和營運之間的溝通清晰明瞭 • ××%的產品可交付成果按時，按範圍且在預算範圍內 • ××%的必要合規性和法規要求均得到確定並遵循
目標 （Objective）	**提升你的管理技能** 優秀的管理人員可以保持團隊敬業度、高績效並留住人才。即使你已經是一位出色的經理，也總有改進的餘地。讓我們齊心協力，繼續傾聽，學習和發展我們的管理技能，並建立一種分享和對回饋採取行動的文化。
關鍵結果 （Key Results）	• 每月至少向每個直屬下屬提供 ×× 條可行的回饋意見 • 每月至少從每個直屬下屬處獲得 ×× 條可行的回饋意見 • 每月至少要和每個直屬下屬進行一次職業對話 • 本季度與一位管理教練／導師會面 • 在季度末根據員工的回饋採取行動並與團隊一起檢查你的進度

目標 （Objective）	**建立並領導一流的工程團隊** 要打造世界一流的產品，我們需要擁有世界一流的團隊。讓我們取得這些關鍵成果，並為我們的中層管理人員配備他們所需的工具和知識，以確保我們為實現這一諾言而付出努力。
關鍵結果 （Key Results）	• 與中層管理人員每月舉行一次教練課程，以提升他們的管理技能 • 與你的團隊每週舉行一對一對話 • 記錄並追蹤實現專業發展目標的進度，同時緊記團隊士氣的脈動 • 在 ×× 月 ×× 日之前聘請 ×× 工程師 • 在本季度進行 1 次工程部範圍內的團隊建設活動 • 確保按時交付高品質的工程發布

4.3 開發運維

目標 （Objective）	**確保定期掃描你的應用程式是否存在漏洞** 自動掃描已知或常見漏洞可以保護我們免受許多簡單的安全性漏洞的侵害。確保我們保持系統安全性為最新。
關鍵結果 （Key Results）	• 研究代碼管道工具以掃描你的代碼庫以解決安全問題，這些問題解決了衝刺週期內的編碼實踐以及語言和模組依賴性 • 研究容器掃描工具，這些工具可在衝刺週期內驗證容器映射包和配置 • 在衝刺週期內集成適合你的安全要求的代碼管道工具 • 集成容器掃描工具，並在衝刺週期內至少每週安排一次定期掃描
目標 （Objective）	**確保你的內部網路針對網路漏洞進行了加固** 審核你的網路，以確保在衝刺週期內只能從外部網路訪問公共端點。
關鍵結果 （Key Results）	• 實施防火牆和負載平衡器解決方案，以確保僅在一個衝刺週期內可從外部網路訪問 ××% 的公共端點 • 調查並實施一項服務，以在衝刺週期內掃描你的公共端點是否存在網路漏洞

目標 （Objective）	**透過實施 DDoS 緩解解決方案來確保你的網路免受 DDoS 攻擊** 在過去的 12 個月中，超過三分之一的美國企業遭受了 DDoS（阻斷服務攻擊）攻擊。讓我們確保在下一個擊中我們之前，我們能夠保護自己。
關鍵結果 （Key Results）	• 分析你的應用程式，以確定你是否可以在衝刺週期內使用基於 DNS 或基於代理的 DDoS 解決方案 • 在下一個衝刺週期內按價格和技術要求比較解決方案 • 在下一個衝刺週期內配置並啟用 DDoS 解決方案
目標 （Objective）	**實施趨勢系統以監視關鍵的時間序列基礎結構資料** 為了保持敏捷並根據需要擴展我們的系統，我們首先需要了解我們系統內的趨勢。
關鍵結果 （Key Results）	• 在衝刺週期內研究，討論和選擇諸如 Prometheus 或 Grafana 之類的趨勢系統 • 在衝刺週期中安裝，配置和熟悉系統 • 確定正在使用的關鍵資料儲存技術，並在所有實例上配置資料收集器，以在衝刺週期內充分發揮資料儲存技術的全部趨勢 • 確定次要關鍵系統，並在每個衝刺週期中至少實施一個 • 到季度末達到 ××%的覆蓋率
目標 （Objective）	**透過基本協議檢查，確保在衝刺週期內 100%的關鍵公共端點受到監視和警報** 如果我們的系統存在問題，請確保我們是第一個了解此問題的人。
關鍵結果 （Key Results）	• 到本季度末，枚舉 ××%的關鍵公共端點 • 選擇適合你需求和價格的監控服務 • 為每個端點配置基本協定監視器 • 配置應召輪換，每個團隊成員負責在一段時間（×× 週）內接收嚴重的停機警報

目標 （Objective）	**縮短兩次修復之間的交付時間** 破裂會發生，錯誤會發生。但是，請確保我們已設置為團隊快速解決問題，以便我們提供出色的經驗。
關鍵結果 （Key Results）	• 採用衝刺週期 • 分類並標記衝刺週期中故事／問題的類型 • 制定政策以確保故事點總數的 ××%～ ××%是錯誤修復
目標 （Objective）	**平均恢復時間更快** 當事情失敗或破裂時，重要的是我們要快速修復問題。讓我們努力在本季度末改善我們的平均恢復時間。
關鍵結果 （Key Results）	• 建立恢復代碼發布的過程，以在 1 個衝刺週期內中斷生產 • 在 1 個衝刺週期內實現流程自動化 • 在 1 個衝刺週期內將觸發流程集成到構建管道中
目標 （Objective）	**降低新版本的失敗率** 我們的團隊不斷發布新功能，部署錯誤修復程式等。請確保隨著版本的增加，我們專注於降低當前的故障率。
關鍵結果 （Key Results）	• 確保在一個季度內使用現代化的待完成工作排期技術構建你的代碼版本 • 在衝刺週期內將 1 種類型的代碼測試集成到待完成工作排期中 • 每個衝刺週期都會分析代碼測試結果，並將一個指標提升 ××%
目標 （Objective）	**提升部署頻率** 高績效的 DevOps 團隊會經常且充滿信心地進行部署。讓我們加強頻繁部署的力量，以確保步伐和信心保持較高水準。
關鍵結果 （Key Results）	• 設置強制部署的策略，而不考慮將來的版本 • 每週部署一次 • ×× 週後，每天部署一次

目標 （Objective）	**在團隊之外改善你的網路** 在這裡工作的都是卓越的人才，你應該與他們見面。與你團隊之外的人接觸，以擴大你的網路，並從屬於我們公司的人員的不同角度聽取他們的意見。
關鍵結果 （Key Results）	● 與團隊外部的 ×× 名以上工程師，品質保證人員或專案經理一起共進午餐或喝咖啡 ● 與團隊之外的至少 ×× 位工程師，品質保證或專案經理一對一地開會 ● 開展創新 ××% 的時間專案，其中團隊外至少包括 ×× 個高級工程師 ● 加入專注於我們工作堆疊中某些內容的線上社區
目標 （Objective）	**繼續累積你的技術知識** 透過向他人學習，在本季度中花費一些時間來累積你的技術知識。
關鍵結果 （Key Results）	● 閱讀 ×× 本技術書籍 ● 參加 ×× 門技術課程 ● 參加 ×× 個技術會議
目標 （Objective）	**為我們的團隊實施 APM 系統** 當問題出現時，開發營運工程師將被要求採取行動以瀏覽日誌、監視器和警報以解決問題。在成功的開發營運工程師堆疊中，應用程式級工具至關重要，應在本季度實施。
關鍵結果 （Key Results）	● 在堆疊需求和成本容限範圍內，針對監控需求研究 ×× 種潛在解決方案 ● 對選項進行社交，並在高級團隊成員和領導層之間達成協議 ● 實施和部署解決方案 ● 培訓團隊成員並指導他們如何成功使用新的監控系統
目標 （Objective）	**提升我們產品的資料安全性和整合度** 資訊安全對企業非常重要，在開發的早期階段常常被忽略。確保我們從裸機開始就擁有一流的產品體驗，首先要保護我們的資料。

關鍵結果 （Key Results）	• 透過執行冷開機災難恢復測試來確保成功的資料恢復操作 • 進行季度代碼掃描和滲透測試，並與工程部主管共用報告 • 在我們的登臺環境中對 ×× 個併發使用者執行負載測試，並與工程主管共用報告 • 確保 DevOps 工具的軟體許可與用法匹配，以減少超支 • 連續兩個季度實現 ××%的正常執行時間系統可用性
目標 （Objective）	**提升應用效率** 我們的代碼只能以其運行的硬體和支援系統的速度運行。透過使我們的工具與最新的補丁程式和版本更新保持最新，我們確保我們從社區的努力中受益。
關鍵結果 （Key Results）	• 針對生產中所有伺服器端依賴項的更新到最新的 LTS 版本 • 修改 Nginx 路由規則以提升 HTTP 吞吐速度 • 執行緩存高流量服務端點的基準測試

4.4 工程部總監

目標 （Objective）	**成為一個卓越的經理人**
關鍵結果 （Key Results）	• 將人員置於流程之上（例如：寫 ×× 張手寫卡給團隊成員以慶祝達成里程碑） • 將行動置於分析之上（例如：將構建－測量－學習這一週期縮短 ×× 週） • 將績效置於考勤之上（例如：確保每個團隊成員都記錄了 OKR，並按照計畫參加會議） • 傾聽重於宣講 • 意願重於技能（例如：與你的團隊進行每月一次的輔導課程）
目標 （Objective）	**以高產量和高品質執行** 工程就在於完整性。完整性包括品質、及時性和效率。讓我們集中精力在下一季度改善我們系統的完整性。

附錄二 常見職位 OKR 樣例庫

關鍵結果 （Key Results）	• 團隊的補丁率降至 ××%（或其他品質指標） • 所有新代碼的單元測試覆蓋率均為 ××% • 每個衝刺 ×× 個故事點的速度 • 每 ×× 週發布一次
目標 （Objective）	**提升你的管理技能** 優秀的管理人員可以保持團隊敬業度、高績效並留住人才。即使你已經是一位出色的經理，也總有改進的餘地。讓我們齊心協力，繼續傾聽，學習和發展我們的管理技能，並建立一種分享和對回饋採取行動的文化。
關鍵結果 （Key Results）	• 每月至少向每個直屬下屬提供 ×× 條可行的回饋意見 • 每月至少從每個直屬下屬處獲得 ×× 條可行的回饋意見 • 每月至少要和每個直屬下屬進行一次職業對話 • 本季度與一位管理教練／導師會面 • 在季度末根據員工的回饋採取行動並與團隊一起檢查你的進度
目標 （Objective）	**確保團隊做出合理的技術決策** 為了繼續以高開發速度構建可擴展且安全的產品，我們必須確保今天做出的技術決策將對我們良好地發展。我們的目的是使我們的工程師能夠做出盡可能多的決策，但是我們需要確保它們是適合企業的正確決策。
關鍵結果 （Key Results）	• 更新工程開發流程，以便在活躍的工作衝刺之前進行研究尖峰 • 每個中大型專案都有與交付成果相關的詳細研究峰值 • 高級工程團隊成員接受相關敏捷衝刺實踐（包括適當的技術研究實踐）的培訓 • 每個研究峰值都會由另一個工程團隊進行審查，以確保完整性和有效性 • 專案的後期開發文件是徹底而準確的
目標 （Objective）	**建立世界一流的工程團隊** 要打造世界一流的產品，我們需要擁有世界一流的團隊。讓我們達成這些關鍵成果，以確保我們正在努力實現這一承諾。

關鍵結果 （Key Results）	• 每週與你的團隊進行一對一會議，記錄並追蹤實現專業發展目標的進度，並掌握團隊士氣的脈動 • 在 ×× 月 ×× 日之前面試 ×× 個工程候選人 • 在 ×× 月 ×× 日之前僱用和聘用 ×× 工程師 • 在 ×× 月 ×× 日之前計畫季度團隊建設活動 • 保留 ××%的高品質工程團隊

4.5 工程經理

目標 （Objective）	**練習成為一個卓越的經理人**
關鍵結果 （Key Results）	• 將人員置於流程之上（例如：寫 ×× 張手寫卡給團隊成員以慶祝達成里程碑） • 將行動置於分析之上（例如：將構建－測量－學習這一週期縮短 ×× 週） • 將績效置於考勤之上（例如：確保每個團隊成員都記錄了 OKR，並按照計畫參加會議） • 傾聽重於宣講 • 意願重於技能（例如：與你的團隊進行每月一次的輔導課程）
目標 （Objective）	**以高產量和高品質執行** 工程就在於完整性。完整性包括品質、及時性和效率。讓我們集中精力在下一季度改善我們系統的完整性。
關鍵結果 （Key Results）	• 團隊的補丁率降至 ××%（或其他品質指標） • 所有新代碼的單元測試覆蓋率均為 ××% • 每個衝刺 ×× 個故事點的速度 • 每 ×× 週發布一次
目標 （Objective）	**提升你的管理技能** 優秀的管理人員可以保持團隊敬業度、高績效並留住人才。即使你已經是一位出色的經理，也總有改進的餘地。讓我們齊心協力，繼續傾聽，學習和發展我們的管理技能，並建立一種分享和對回饋採取行動的文化。

關鍵結果 （Key Results）	• 每月至少向每個直屬下屬提供 ×× 條可行的回饋意見 • 每月至少從每個直屬下屬處獲得 ×× 條可行的回饋意見 • 每月至少要和每個直屬下屬進行一次職業對話 • 本季度與一位管理教練／導師會面 • 在季度末根據員工的回饋採取行動並與團隊一起檢查你的進度
目標 （Objective）	**指導和發展你的團隊** 高績效的團隊從高績效的教練開始。讓我們集中精力提升下個季度的團隊效率，並確定應該晉升的團隊成員。
關鍵結果 （Key Results）	• 將衝刺能力提升 ××% • 使單個開發人員的代碼審查周轉時間縮短 ××% • 幫助提升 ×× 位直屬下屬到他們的職業發展歷程中的新水準
目標 （Objective）	**保持健康的積壓工作量** 作為工程主管，你需要確保你的團隊正在為業務做正確的事情，並且你的團隊總是有事要做。
關鍵結果 （Key Results）	• 每 ×× 週與工程和產品負責人進行一次交流，以確保對即將進行的專案進行相應的優先排序 • 刪除已取消優先順序的舊專案 • 確保有 ×× 個月的計畫工作準備就緒
目標 （Objective）	**建立一支由高績效工程師組成的團隊** 他們說你是與你在一起最多的 5 個人中的平均值。透過幫助你的隊友提升其作為工程師和高績效個人的技能，提升平均水準的品質。
關鍵結果 （Key Results）	• 本季度參加 ×× 次技術聚會以尋找人才 • 本季度僱用 ×× 名初級至中級工程師 • 本季度與每位工程師一起進行表現評估簽到 • 培養整個團隊不斷進行雙向回饋的文化
目標 （Objective）	**確保你團隊的技術卓越** 強大的工程團隊的基礎在於他們的技術能力。

關鍵結果 （Key Results）	• 專案所有可交付成果已完成 • 技術文件完整準確 • 高優先順序的錯誤已修復 • 一季度完成承諾故事點的 ××%

4.6 初級軟體工程師

目標 （Objective）	**提升 ×× 語言的程式設計技巧** 在本季度，讓我們花些時間學習新的程式設計語言，以增強你的技術技能！
關鍵結果 （Key Results）	• 使用包括 ×× 語言在內的語言開發至少 ×× 種功能 • 參加並透過關於 ×× 語言的 ×× 門線上課程 • 讀一本關於 ×× 語言的書
目標 （Objective）	**繼續累積你的技術知識** 透過向他人學習，在本季度中花費一些時間來累積你的技術知識。
關鍵結果 （Key Results）	• 閱讀 ×× 本技術書籍 • 學習 ×× 門技術課程 • 參加 ×× 次技術會議
目標 （Objective）	**完成團隊編碼入門** 讓我們以從第一天起就為成功做好準備的方式加入團隊。在你與人事部門和其他部門一起做的所有事情之外，這些都是工程團隊的入職流程的一部分。
關鍵結果 （Key Results）	• 透過培訓平臺上的程式設計語言測評 • 觀看新員工介紹 • 完成所有程式設計教程 • 至少完成一張涉及資料庫更改的故障單 • 至少完成一張前臺工單 • 至少完成一張後臺工單

4.7 高級工程經理

目標 （Objective）	**練習成為一個卓越的經理人**
關鍵結果 （Key Results）	• 將人員置於流程之上（例如：寫 ×× 張手寫卡給團隊成員以慶祝達成里程碑） • 將行動置於分析之上（例如：將構建－測量－學習這一週期縮短 ×× 週） • 將績效置於考勤之上（例如：確保每個團隊成員都記錄了 OKR，並按照計畫參加會議） • 傾聽重於宣講 • 意願重於技能（例如：與你的團隊進行每月一次的輔導課程）
目標 （Objective）	**以高產量和高品質執行** 工程就在於完整性。完整性包括品質、及時性和效率。讓我們集中精力在下一季度改善我們系統的完整性。
關鍵結果 （Key Results）	• 團隊的補丁率降至 ××%（或其他品質指標） • 所有新代碼的單元測試覆蓋率均為 ××% • 每個衝刺 ×× 個故事點的速度 • 每 ×× 週發布一次
目標 （Objective）	**提升你的管理技能** 優秀的管理人員可以保持團隊敬業度、高績效並留住人才。即使你已經是一位出色的經理，也總有改進的餘地。讓我們齊心協力，繼續傾聽，學習和發展我們的管理技能，並建立一種分享和對回饋採取行動的文化。
關鍵結果 （Key Results）	• 每月至少向每個直屬下屬提供 ×× 條可行的回饋意見 • 每月至少從每個直屬下屬處獲得 ×× 條可行的回饋意見 • 每月至少要和每個直屬下屬進行一次職業對話 • 本季度與一位管理教練／導師會面 • 在季度末根據員工的回饋採取行動並與團隊一起檢查你的進度

目標 （Objective）	**指導和發展團隊** 所有高績效團隊都有教練。為了使我們的團隊保持最佳狀態，我們必須專注於指導和發展每個團隊
關鍵結果 （Key Results）	• 將衝刺能力提升 ××% • 確保燃盡圖正確地向每個衝刺向下傾斜 • 使單個開發人員的代碼審查周轉時間縮短 ××% • 幫助提升一位直屬下屬到他們的職業發展歷程中的新水準
目標 （Objective）	**建立一支由高績效工程師組成的團隊** 他們說你是與你在一起最多的 5 個人中的平均值。透過幫助你的團隊提升其作為工程師和高績效個人的技能，提升平均水準的品質。
關鍵結果 （Key Results）	• 本季度參加 ×× 次技術聚會，以發現並吸引頂尖人才 • 本季度聘用 ×× 名中高級工程師 • 到本季度末，對你的每個直接報告進行績效審查簽到 • 確保工程團隊沒有成員績效不佳 • 同你的每個直屬下屬安排每月的輔導課程
目標 （Objective）	**確保你團隊的技術水準** 強大的工程團隊的基礎在於他們的技術能力。讓我們集中精力提升團隊的技術水準。
關鍵結果 （Key Results）	• 確保平臺基礎架構本季度的正常執行時間為 ××% • 完成基礎架構到 ×× 的遷移 • 每個專案都應完成 ××%的技術文件 • 確保每個團隊成員都已完成 Web 應用程式安全性評估

4.8 高級軟體經理

目標 （Objective）	**在團隊之外增強你的人脈** 在這裡工作的都是卓越的人才，你應該與他們見面。與你團隊之外的人接觸，以擴大你的網路，並從屬於我們公司的人員的不同角度聽取他們的意見。

關鍵結果 （Key Results）	<ul><li>與團隊外部的 ×× 名以上工程師，品質保證人員或專案經理一起共進午餐或喝咖啡</li><li>與團隊之外的工程師，品質保證或專案經理召開至少 ×× 次一對一會議</li><li>開展創新 ××% 的時間專案，其中至少包括 ×× 個團隊外高級工程師</li><li>加入專注於我們工作堆疊中某些內容的線上社區</li></ul>
目標 （Objective）	**繼續累積你的技術知識** 透過向他人學習，在本季度中花費一些時間來累積你的技術知識。
關鍵結果 （Key Results）	<ul><li>閱讀 ×× 本技術書籍</li><li>學習 ×× 門技術課程</li><li>參加 ×× 次技術會議</li></ul>
目標 （Objective）	**提升我們的代碼品質** 客戶喜歡的高品質產品從每一行代碼開始。確保我們將最低的代碼品質保持在最低水準將為其餘業務定下基調，並有助於減輕問題。
關鍵結果 （Key Results）	<ul><li>本季度修復 ×× 個關鍵重要級別的錯誤</li><li>對你以前從未接觸過的產品區域進行 ×× 個主要重構</li><li>創建和／或修訂本季度工作的每個功能的文件</li><li>將所有儲存庫中的單元測試用例覆蓋率從 ××% 提升到 ××%</li><li>將運行測試套件所需的總時間減少 ××%</li></ul>
目標 （Objective）	**成為你的團隊需要的技術專家** 你已經證明了自己的技術能力，現在已經以身作則，並在可擴展和強化的基礎架構上構建了世界一流的產品。
關鍵結果 （Key Results）	<ul><li>將公關周轉時間減少到少於 ×× 小時</li><li>本季度每個衝刺完成 ×× 個 PR</li><li>確保每個版本都按時交付並在範圍內</li><li>確保本季度每個版本中引入的主要錯誤少於 ×× 個</li><li>提供相關擬議的主要基礎架構變更的詳細文件，以提升平臺的可靠性</li><li>透過更新構建工具將本地開發效率提升 ××%</li></ul>

目標 （Objective）	**提升團隊素養** 他們說你是與你在一起最多的 5 個人中的平均值。透過幫助你的隊友提升其作為工程師和高績效個人的技能，提升平均水準的品質。
關鍵結果 （Key Results）	• 在本季度末為管理層提供關於每位隊友的一頁回饋 • 在本季度為你的同齡人提供 ×× 個有關技術主題的培訓課程 • 本季度與團隊中的初級成員一起執行每個衝刺期的 1 對編碼會話 • 審查 ×× 個專案計畫，並向該專案的首席工程師提供回饋
目標 （Objective）	**增加你對平臺的所有權以及與團隊的合作** 你是團隊的重要組成部分，我們希望你對自己的工作擁有所有權，並成為同行的領導者。
關鍵結果 （Key Results）	• 制定一個專案計畫，以在本季度升級到我們開發框架的最新 LTS 版本 • 確保所有核心套裝軟體和依賴項都更新為最新的安全版本 • 為工程團隊提供午餐學習課程，內容涉及你學到的新開發技術或主題 • 在本季度的每個衝刺中主動參與一次客戶支援對話

4.9 軟體工程師

目標 （Objective）	**在團隊之外增強你的人脈** 在這裡工作的都是卓越的人才，你應該與他們見面。與你團隊之外的人接觸，以擴大你的網路，並從屬於我們公司的人員的不同角度聽取他們的意見。
關鍵結果 （Key Results）	• 與團隊外部的 ×× 名以上工程師，品質保證人員或專案經理一起共進午餐或喝咖啡 • 與團隊之外的工程師，品質保證或專案經理召開至少 ×× 次一對一會議 • 開展創新 ××% 的時間專案，其中至少包括 ×× 個團隊外高級工程師 • 加入專注於我們工作堆疊中某些內容的線上社區

目標 （Objective）	**向高級軟體工程師邁進** 確保我們為你提供了實現職業生涯下一個里程碑所需的機會。這些關鍵成果將使你走上正確的道路，成為高級軟體工程師。
關鍵結果 （Key Results）	• 作為首席工程師完成 ×× 個專案 • 參加 ×× 名新員工的面試 • 在本季度成功指導 ×× 名實習生（或新員工） • 從 ×× 個人那裡獲得有關技術交流技能的積極回饋
目標 （Objective）	**提升工程主管技能** 職業生涯的下一步是從軟體工程師轉變為高級軟體工程師。做到這一點所需的技能之一就是領導專案。讓我們在本季度進行努力，以便你距離成為高級軟體工程師更進一步。
關鍵結果 （Key Results）	• 擔任 ×× 個專案的首席工程師 • 成為所有規格和設計評論中的主要工程代表 • 完整的設計文件和所有專案的估算 • 專案修補率在 ××%～ ××% 之間 • 在預算的 ××% 之內發布專案並進行了驗證
目標 （Objective）	**繼續累積你的技術知識** 透過向他人學習，在本季度中花費一些時間來累積你的技術知識。
關鍵結果 （Key Results）	• 閱讀 ×× 本技術書籍 • 學習 ×× 門技術課程 • 參加 ×× 次技術會議
目標 （Objective）	**提升我們的代碼品質** 客戶喜歡的高品質產品從每一行代碼開始。確保我們將最低的代碼品質保持在最低水準將為其餘業務定下基調，並有助於減輕問題。

關鍵結果 （Key Results）	• 本季度修復 ×× 個中級錯誤 • 在 ×× 月 ×× 日之前，將 ×× 專案上的代碼覆蓋率提升到 ××% • 重構最初未創建的 ×× 個代碼區域 • 為本季度工作的每個功能創建和修訂文件
目標 （Objective）	**提升你的溝通和合作能力** 開發世界一流的產品並不是一個單打獨鬥的計畫。成功的工程師知道與同行，產品團隊和其他業務部門合作的重要性。
關鍵結果 （Key Results）	• 在 ×× 月 ×× 日之前查看我們的產品過程文件，以了解我們的產品過程並改善你的非同步專案管理實踐 • 在本季度按時完成 ××% 的衝刺點，並就任何延遲或阻礙提供清晰的溝通 • 向客戶管理團隊介紹新產品功能
目標 （Objective）	**發揮你的技術能力** 你的技術技能是強大的工程團隊的基礎，我們希望看到你將這些技能發展成為強大的團隊成員。
關鍵結果 （Key Results）	• 按時按範圍構建和發布 ×× 個功能 • 將公關周轉時間減少到少於 ×× 小時 • 本季度每個衝刺完成 ×× 個 PR • 在 ×× 月 ×× 日之前完成 Web 開發培訓教程，以增進你對 SOLID 設計原則的理解

4.10 品質保證工程師

目標 （Objective）	**在我們的新版本中提升功能的品質**
關鍵結果 （Key Results）	• 在第二季度末找出 ×× 個錯誤 • 實施新的品質檢查自動化工具和流程 • 確保在第三季度報告的嚴重錯誤不超過 ×× 個 • 第三季度回歸為零

附錄二 常見職位 OKR 樣例庫

目標 （Objective）	保持敏捷流程
關鍵結果 （Key Results）	• 創建和實施工作流圖 • 安裝新的遷移欄位 • 創建知識庫文件

4.11 工程部副總裁

目標 （Objective）	成為一個卓越的經理人
關鍵結果 （Key Results）	• 將人員置於流程之上（例如：寫 ×× 張手寫卡給團隊成員以慶祝達成里程碑） • 將行動置於分析之上（例如：將構建－測量－學習這一週期縮短 ×× 週） • 將績效置於考勤之上（例如：確保每個團隊成員都記錄了 OKR，並按照計畫參加會議） • 傾聽重於宣講 • 意願重於技能（例如：與你的團隊進行每月一次的輔導課程）
目標 （Objective）	以高產量和高品質執行 工程就在於完整性。完整性包括品質、及時性和效率。讓我們集中精力在下一季度改善我們系統的完整性。
關鍵結果 （Key Results）	• 團隊的補丁率降至 ××%（或其他品質指標） • 所有新代碼的單元測試覆蓋率均為 ××% • 每個衝刺 ×× 個故事點的速度 • 每 ×× 週發布一次
目標 （Objective）	在整個團隊中實施新的一對一計畫，以促進經理與其直屬下屬之間更好的溝通

關鍵結果 （Key Results）	• 選擇一對一的會議平臺 • 選擇未來 ×× 個月的 ××～×× 個主題供團隊改進（即成長、溝通、激勵） • 與所有人員管理者會面，介紹概念並討論主題 • 將概念介紹給整個團隊，並確保每個經理與其直屬下屬安排會議 • 確保每個經理在每一個與主題相關的一對一中都會提出發人深省的問題 • 每個月與你的經理核實，以確保沒有取消任何一對一會議，並且只因假期或緊急情況而重新安排 • 本季度閱讀一本關於溝通或提問的書
目標 （Objective）	**提升你的管理技能** 優秀的管理人員可以保持團隊敬業度、高績效並留住人才。即使你已經是一位出色的經理，也總有改進的餘地。讓我們齊心協力，繼續傾聽，學習和發展我們的管理技能，並建立一種分享和對回饋採取行動的文化。
關鍵結果 （Key Results）	• 每月至少向每個直屬下屬提供 ×× 條可行的回饋意見 • 每月至少從每個直屬下屬處獲得 ×× 條可行的回饋意見 • 每月至少要和每個直屬下屬進行一次職業對話 • 本季度與一位管理教練／導師會面 • 在季度末根據員工的回饋採取行動並與團隊一起檢查你的進度
目標 （Objective）	**建立並領導一流的工程團隊** 要打造世界一流的產品，我們需要擁有世界一流的團隊。讓我們取得這些關鍵成果，並為我們的中層管理人員配備他們所需的工具和知識，以確保我們為實現這一諾言而付出努力。

關鍵結果 （Key Results）	<ul><li>與中層管理人員每月舉行一次教練課程，以提升他們的管理技能</li><li>與你的團隊每週舉行一對一會議</li><li>記錄並追蹤實現專業發展目標的進度，同時緊記團隊士氣的脈動</li><li>在 ×× 月 ×× 日之前聘請 ×× 工程師</li><li>在本季度進行 ×× 次工程部範圍內的團隊建設活動</li><li>確保工程版本發布高品質並按時交付</li></ul>

■ 5. 財務部

5.1 財務長（CFO）

目標 （Objective）	**增加對財務預測的信心** 根據財務部社區成員的說法，更好的預測是 CFO 的首要目標。讓我們集中精力提升對預測的信心。
關鍵結果 （Key Results）	<ul><li>設定合理的預測節奏（即每月、每季度、每年），並在接下來的 12 個月中堅持使用</li><li>完成準確的預測：根據結果超出預測的 ××% 以內進行衡量</li><li>確定整個組織的 ×× 個關鍵成長抓手並與公司共用</li></ul>
目標 （Objective）	**瞄準即時資料** 諸如每月結帳之類的過程意味著財務團隊可能會在這兩個結點之間處於盲目狀態。我們是否可以立即獲取所需的資料，而無需等待更新？
關鍵結果 （Key Results）	<ul><li>更新我們 ××% 以上的支出方式，以便在本季度為我們提供即時資料，並在年底之前為我們提供 ××% 的資料</li><li>在本季度末實施儀表板軟體</li><li>今年實施收入確認工具，以確保我們擁有最新的指標（即月度經常性收入、年度經常性收入等）</li></ul>

目標 （Objective）	**減少摩擦** 摩擦源於不斷騷擾其他團隊的需要，以及我們財務團隊的大部分時間都浪費在資料登錄和其他手動流程上。讓我們找到使流程自動化並減少總體摩擦的方法。
關鍵結果 （Key Results）	• 確定目前導致發生摩擦的 ×× 個關鍵領域（即費用、採購、收據等） • 確定 ×× 個可以自動化的流程並將其自動化 • 到今年年底，將 ××%的紙質流程轉換為數位流程
目標 （Objective）	**改善現金管理** 無論我們公司的財務狀況如何，扎實地掌握我們的現金管理都非常重要。這個季度或今年，讓我們集中精力改善現金管理。
關鍵結果 （Key Results）	• 圍繞現金流制定危機管理計畫 • 確定並列出我們 ××%的主要供應商，並與他們保持聯絡（即租金、伺服器、庫存等） • 確定 ×× 個短期優勢（即鎖定好交易，重新協商壞交易）
目標 （Objective）	**制定策略計畫和預算以實現目標** 讓我們透過制定一項計畫，確保每支團隊達到和超過目標的計畫來確保明年成功。
關鍵結果 （Key Results）	• 在 ×× 月 ×× 日之前收集 C××O 級別高管，創始人和董事會的意見 • 在 ×× 月 ×× 日之前與業務部討論預訂和收入目標並確認每月銷售目標 • 在 ×× 月 ×× 日之前與行銷部討論並確認潛在線索目標 • 在 ×× 月 ×× 日之前與 HR 討論並確認招聘目標 • 在 ×× 月 ×× 日之前獲得董事會對計畫和預算的批准
目標 （Objective）	**建立並領導世界一流的財務團隊** 建立一支合作有效的財務團隊，並為團隊中的每個人提供持續的指導機會。

關鍵結果 （Key Results）	• 招聘經驗豐富的領導者擔任 ×× 個職能職位 • 僱用 ×× 位表現出色的個人貢獻者 • 確保 ×× 在所有一對一和團隊會議中的會議評分均達到 85% 　或更高 • 為團隊中的每個成員設置至少 ×× 個專業發展目標
目標 （Objective）	**向團隊快速，真實地報告** 當世界變化時，世界上最好的計畫也會被擊敗。讓我們確保我們 的團隊在財務結果發生時保持與時俱進，以便團隊可以根據需要 進行調整。
關鍵結果 （Key Results）	• 將每月結帳的時間減少 ××% • 將 ××% 的費用報銷移至數位提交 • ××% 每月更新在每月的 ×× 號按時發送
目標 （Objective）	**在整個團隊中實施新的一對一計畫，以促進經理與其直屬下屬 之間更好的溝通** 一對一是建立信任、分享回饋和與每個團隊成員互動的好機會。 一對一提供了一個專門的時間和地點來討論一切從路障到職業抱 負，使他們獨當一面。
關鍵結果 （Key Results）	• 選擇一對一的會議平臺 • 選擇未來 ×× 個月的 ×× ～ ×× 個主題供團隊改進（即成 　長、溝通、激勵） • 與所有人員管理者會面，介紹概念並討論主題 • 將概念介紹給整個團隊，並確保每個經理與其直屬下屬安 　排會議 • 確保每個經理在每一個與主題相關的一對一中都會提出發人深 　省的問題 • 每個月與你的經理核實，以確保沒有取消任何一對一會議，並 　且只因假期或緊急情況而重新安排 • 本季度閱讀一本關於溝通或提問的書

目標 （Objective）	**提升你的管理技能** 優秀的管理人員可以保持團隊敬業度、高績效並留住人才。即使你已經是一位出色的經理，也總有改進的餘地。讓我們齊心協力，繼續傾聽，學習和發展我們的管理技能，並建立一種分享和對回饋採取行動的文化。
關鍵結果 （Key Results）	• 每月至少向每個直屬下屬提供 ×× 條可行的回饋意見 • 每月至少從每個直屬下屬處獲得 ×× 條可行的回饋意見 • 每月至少要和每個直屬下屬進行一次職業對話 • 本季度與一位管理教練／導師會面 • 在季度末根據員工的回饋採取行動並與團隊一起檢查你的進度

5.2 控制師

目標 （Objective）	**實現更快的月底結帳** 讓我們全年整理帳簿並保持最新狀態。這就是為什麼對我們來說設定一個每月更快地結帳的目標如此重要的原因。
關鍵結果 （Key Results）	• 啟用付款資料與總帳的自動同步 • 在付款後一週內收集 ××%以上的收據 • 將費用報銷和收據的 ××%數位化（不再需要紙張！） • 發布公司範圍內的公告，以確保每個人都了解未來交易的流程和規則 • 實施軟體以幫助自動發現收據，信用卡和銀行對帳單中的錯誤和不一致之處 • 當交易或費用報銷缺少關鍵資料時，使用軟體可以自動通知 ××%的員工

目標 （Objective）	**成為紀律嚴明的採購組織** 隨著我們的擴展，所支付的工具，SaaS 產品和服務將成倍成長。讓我們在被不必要的費用淹沒前先處理這些事情。
關鍵結果 （Key Results）	• 開發和實施監視 SaaS 使用授權／費用的過程 • 將每月更新共用到功能單元中 • 透過協商付款條件來節省 ××%的費用

目標 （Objective）	**沒有戲劇化的薪資支付** 在支付我們的團隊方面，我們從來不希望有任何問題。讓我們在本季度，本年度和其餘時間運行一個無懈可擊的薪資核算流程。
關鍵結果 （Key Results）	• ××%的時間準時發放薪資 • ××%的員工費用在 30 天之內支付 • 不到 ×× 週的佣金支付周轉時間
目標 （Objective）	**透過可擴展的成長過程保持應收帳款的健康** 讓我們更快（或至少準時）獲得付款。
關鍵結果 （Key Results）	• 本季度將未付應收帳款減少 ××% • 將收到資金的時間縮短 ×× 天 • 為大多數客戶配置自動催款流程

5.3 財務副總裁

目標 （Objective）	**增加對財務預測的信心** 根據財務部社區成員的說法，更好的預測是 CFO 的首要目標。讓我們集中精力提升對預測的信心。
關鍵結果 （Key Results）	• 設定合理的預測節奏（即每月、每季度、每年），並在接下來的 12 個月中堅持使用 • 完成準確的預測：根據結果超出預測的 ××%以內進行衡量 • 確定整個組織的 ×× 個關鍵成長抓手並與公司共用
目標 （Objective）	**制定策略計畫和預算以實現目標** 讓我們透過制定一項計畫，確保每支團隊達到和超過目標的計畫來確保明年成功。

關鍵結果 （Key Results）	• 在 ×× 月 ×× 日之前收集高級管理層、創始人和董事會的意見 • 在 ×× 月 ×× 日之前與業務部討論預訂和收入目標並確認每月銷售目標 • 在 ×× 月 ×× 日之前與行銷部討論並確認潛在線索目標 • 在 ×× 月 ×× 日之前與 HR 討論並確認招聘目標 • 在 ×× 月 ×× 日之前獲得董事會對計畫和預算的批准
目標 （Objective）	**建立並領導世界一流的財務團隊** 建立一支合作有效的財務團隊，並為團隊中的每個人提供持續的指導機會。
關鍵結果 （Key Results）	• 招聘經驗豐富的領導者擔任 ×× 個職能職位 • 僱用 ×× 位表現出色的個人貢獻者 • 確保 ×× 在所有一對一和團隊會議中的會議評分均達到 ××%或更高 • 為團隊中的每個成員設置至少 ×× 個專業發展目標
目標 （Objective）	**向團隊快速，真實地報告** 當世界變化時，世界上最好的計畫也會被擊敗。讓我們確保我們的團隊在財務結果發生時保持與時俱進，以便團隊可以根據需要進行調整。
關鍵結果 （Key Results）	• 將每月結帳的時間減少 ××% • 將 ××%的費用報銷移至數字提交 • ××%每月更新在每月的 7 號按時發送
目標 （Objective）	**帶領我們的下一個籌款流程籌集 ×× 萬美元** 我們公司的下一個轉捩點是確保我們獲得下一輪資金。這一回合最終將推動我們實現超高速發展並推動業務發展。讓我們粉碎吧！

附錄二　常見職位 OKR 樣例庫

關鍵結果 （Key Results）	• 與執行長合作，在 ×× 月 ×× 日之前開發演示稿，財務指標和資料室 • 與 ×× 家投資公司會面做介紹會 • 在 ×× 月 ×× 日和 ×× 月 ×× 日的幾週內向 ×× 家公司爭取投資機會 • 在 ×× 月 ×× 日之前為 ×× 家合格和感興趣的公司開放資料室 • 在 ×× 月 ×× 日之前收到 ×× 個投資協議條款清單 • 管理盡職調查流程，以在 ×× 月 ×× 日之前完成 • 在 ×× 月 ×× 日之前完成融資並獲得 ×× 萬美元
目標 （Objective）	**在整個團隊中實施新的一對一計畫，以促進經理與其直屬下屬之間更好的溝通** 一對一是建立信任、分享回饋和與每個團隊成員互動的好機會。一對一提供了一個專門的時間和地點來討論一切從路障到職業抱負，使他們獨當一面。
關鍵結果 （Key Results）	• 選擇一對一的會議平臺 • 選擇未來 ×× 個月的 ×× ～ ×× 個主題供團隊改進（即成長、溝通、激勵） • 與所有人員管理者會面，介紹概念並討論主題 • 將概念介紹給整個團隊，並確保每個經理與其直屬下屬安排會議 • 確保每個經理在每一個與主題相關的一對一中都會提出發人深省的問題 • 每個月與你的經理核實，以確保沒有取消任何一對一會議，並且只因假期或緊急情況而重新安排 • 本季度閱讀一本關於溝通或提問的書
目標 （Objective）	**提升你的管理技能** 優秀的管理人員可以保持團隊敬業度、高績效並留住人才。即使你已經是一位出色的經理，也總有改進的餘地。讓我們齊心協力，繼續傾聽，學習和發展我們的管理技能，並建立一種分享和對回饋採取行動的文化。

關鍵結果 （Key Results）	• 每月至少向每個直屬下屬提供 ×× 條可行的回饋意見 • 每月至少從每個直屬下屬處獲得 ×× 條可行的回饋意見 • 每月至少要和每個直屬下屬進行一次職業對話 • 本季度與一位管理教練／導師會面 • 在季度末根據員工的回饋採取行動並與團隊一起檢查你的進度

6. 人力資源部

6.1 人力資源經理

目標 （Objective）	**更新薪酬和福利計畫** 我們希望繼續為我們的團隊提供具有競爭力的薪水和福利。讓我們對當前市場有更深入的了解，以確保我們保持競爭力並公平地付薪給我們的團隊。
關鍵結果 （Key Results）	• 對標當前整個行業的薪酬和福利 • 創建跨職能團隊以確定並為團隊採用最佳福利計畫 • 建立和共用透明的薪酬範圍 • 推出薪酬權益調整
目標 （Objective）	**增加專業發展機會** 吸引我們團隊的最佳方法之一就是給他們足夠的成長和發展機會。儘管這不完全取決於人力資源，但我們當然可以幫助創造更多的公司內部成長機會。
關鍵結果 （Key Results）	• 制定年度專業發展預算 • 在所有部門之間交流符合要求的教育和培訓機會 • 向團隊成員發送學習與發展調查，完成率為 ××% • 提供全公司技能評估培訓 • 為所有人管理人員組織領導力教練培訓

附錄二　常見職位 OKR 樣例庫

目標 （Objective）	**提升員工留用率** 員工離職率很高時，可能會給組織帶來巨大的成本。讓我們確保我們已採取措施以減少我們在整個公司的自願和非自願雇員保留率。
關鍵結果 （Key Results）	• 計算員工流失的年度成本 • 管理團隊的主要福利調查，以評估需求和需要改進的地方 • 將年度自願人員流失率減少 ××% • 實現 ××%的離職訪談 • 研究並實施同伴認可方案

6.2 人力資源專員

目標 （Objective）	**確保多元化的候選人才池** 多元化程度更高的工作場所具有更多的創新性，盈利能力，並且通常具有更好的工作場所文化。讓我們確保我們不僅吸引了各種各樣的候選人，而且我們還採取了正確的措施來幫助我們實現這一目標。
關鍵結果 （Key Results）	• 對用人部門經理進行 ×× 場最佳做法和要求的培訓 • 研究並使用服務來辨識職位描述中的非包容性語言 • 找到 ×× 個針對 ×× 候選人的新招聘管道 • 在每月一次的全體會議上傳達多樣性目標和指標 • 聘請注重多樣性的外部招聘顧問
目標 （Objective）	**將員工敬業度從 ××%提升到 ××%** 一個敬業的團隊可以提升工作效率，工作愉快，並最終為組織帶來更多收入。讓我們專注於建立一種重視開放式溝通，回饋，問責制的文化，這種文化最終會使人們對在這裡工作感到興奮。
關鍵結果 （Key Results）	• 每月進行一次敬業度調查，以分析資料，改進和其他回饋 • 本季度與每位員工進行一對一的交流，以收集高品質的定性回饋 • 確定組織內需要改進的地方 • 舉辦全公司關於心理健康的午餐學習會

目標 （Objective）	**確保多元化的候選人才池** 多元化程度更高的工作場所具有更多的創新性，盈利能力，並且通常具有更好的工作場所文化。讓我們確保我們不僅吸引了各種各樣的候選人，而且我們還採取了正確的措施來幫助我們實現這一目標。
關鍵結果 （Key Results）	• 對用人部門經理進行 ×× 場最佳做法和要求的培訓 • 研究並使用服務來辨識職位描述中的非包容性語言 • 找到 ×× 個針對 ×× 候選人的新招聘管道 • 在每月一次的全體會議上傳達多樣性目標和指標 • 聘請注重多樣性的外部招聘顧問
目標 （Objective）	**增加候選人管道** 讓我們找到新的創意方式來增加我們的候選管道。這不僅可以幫助我們更快地填充職位，而且可以增加我們每次都能找到理想人選的機會。
關鍵結果 （Key Results）	• 推薦獎金增加 ×× 美元 • 每個辦公室的招聘地理範圍增加 ×× 公里 • 與人力資源負責人和領導力團隊合作，將搬遷津貼提升 ××% • 與市場行銷部合作開展一場雇主品牌宣傳活動 • 候選人資料庫增加 ××%
目標 （Objective）	**改善應聘者的體驗** 我們如何對待應聘者，無論他們是否獲得聘用，對於我們的雇主品牌和我們在工作場所所營造的文化至關重要。我們希望為每個進入招聘管道的個人創造積極的體驗。
關鍵結果 （Key Results）	• 將平均招聘時間減少 ××% • 完成招聘手冊 • 在下一次全體會議上與團隊溝通招聘流程 • 將工作接受率提升 ××% • 將候選人面試回顧分數提升 ×× 分

6.4 人力資源副總裁

目標 （Objective）	創造卓越的企業文化／愉悅我們的員工
關鍵結果 （Key Results）	• 啟動一項持續進行的雙向閉環回饋過程 • 透過明確的 OKR 目標使所有部門和團隊更加清晰 • 每週員工滿意度／摸底得分達到 ×× 以上 • 每星期慶祝「小勝利」和任何類型的進步 • 執行長和高級副總裁透過公開問答啟動每月的員工大會
目標 （Objective）	提升員工保留率
關鍵結果 （Key Results）	• 改善我們的雙向閉環回饋和持續的績效管理流程 • 將員工敬業度和員工滿意度提升到 ×× 分或以上 • 每月對員工進行一次調查，以了解如何使我們的公司成為更好的工作場所 • 評估我們是否按市場價格支付薪資和福利
目標 （Objective）	以頂尖高手充實我們的團隊
關鍵結果 （Key Results）	• 為我們的員工推薦我們聘用的頂尖高手提供 ×× 美元的獎勵 • 本季度為 ×× 個要人部門僱用 ×× 名新員工 • 在每個面試過程之後對受訪者進行調查並獲得回饋 • 保持 ××：1 的面試與聘用比例
目標 （Objective）	提升員工敬業度和滿意度得分
關鍵結果 （Key Results）	• 確保公司範圍內的每個經理都在進行持續的雙向回饋迴圈 • 每週使用員工滿意度指數對員工進行調查 • 確保我們設定清晰的工作目標，以提升參與度
目標 （Objective）	使我們所有的經理人更加有效和成功

關鍵結果 （Key Results）	<ul><li>為經理提供有關如何有效管理的持續培訓</li><li>確保每位經理都定期進行一對一的會議，並提供雙向回饋</li><li>每月進行一次匿名員工調查，以獲取有關管理有效性的回饋</li></ul>
目標 （Objective）	**高效、及時地完成我們的員工審查**
關鍵結果 （Key Results）	<ul><li>獲得員工的免費健身房會員資格</li><li>調查我們的員工，了解他們對我們新的持續績效流程的滿意程度</li><li>從我們的 ×× 位一線經理那裡收集所有績效評估筆記</li></ul>
目標 （Objective）	**向持續的績效管理過渡**
關鍵結果 （Key Results）	<ul><li>宣布從過時的年度績效審核流程中過渡</li><li>使用 ×× 工具實施正在進行的雙向閉環回饋</li><li>建立季度績效評估</li><li>宣布新的年度審核，以作為正在進行的流程的摘要</li></ul>

■7. 物流團隊

7.1 物流團隊

目標 （Objective）	自動化訂單管理
關鍵結果 （Key Results）	<ul><li>訂單輸送量翻 ×× 倍</li><li>將訂單更改減少到每週 ×× 個</li></ul>
目標 （Objective）	**改善退貨體驗**
關鍵結果 （Key Results）	<ul><li>實施預列印的退貨運輸標籤</li><li>查看當地法規，將退貨期限延長至 ×× 天以上</li></ul>
目標 （Objective）	**加快運輸過程**

關鍵結果 （Key Results）	• 重新放置 A 和 B 移動器，以將快速撥動減少到不到 5 分鐘 • 確保所有包裝材料都在快速搬運者 ×× 到 ×× 公尺的範圍內 • 每個班次要購買三臺掌上型標籤印表機，以便當場列印 80％ 的標籤

8. 市場行銷

8.1 品牌策略師

目標 （Objective）	**培養我們的品牌聲音** 我們會成為與其他公司打架的辣品牌嗎？我們會變得有趣又充滿表情符號嗎？讓我們決定我們的品牌聲音是什麼，並圍繞它制定策略！
關鍵結果 （Key Results）	• 在本季度創建 ×× 種全公司範圍內的編輯風格和語氣指南 • 開發我們創意性的上市聲音，並為公司創建一個文件，供公司在本季度的第一個月內參考 • 研究並編制 ×× 種激發我們靈感的品牌聲音的清單以及原因 • 本季度進行 ×× 次客戶電話訪問，以幫助改善我們的品牌聲望
目標 （Objective）	**與網路內容提供者進行富有成效的對話** 富有成效的對話是在與我們正確的網路內容提供者對話，但我們沒有打算出售任何東西。生產力＝ICP，而不是銷售機會。這是一個品牌行銷機會，也是進行使用者經驗市場研究的機會，如果需要和需要的話，最終可能會促成銷售。
關鍵結果 （Key Results）	• 每週至少進行 ×× 次富有成效的對話 • 每週與公司分享你從電話中獲得的主要收益 • 透過每週創建和共用內容（例如：在領英、我們的時事通訊、部落格等）上，使你的新知識付諸實踐
目標 （Objective）	**推出可持續發展的客戶社區** 為我們的客戶創造一個引人入勝的空間，以建立並打造社區。

關鍵結果 （Key Results）	• 邀請至少 ×× 個客戶加入我們的客戶社區 • 保持至少 ××%的受邀用戶參與度 • 與 ×× 個聯合行銷合作夥伴一起制定並執行社區內容策略

8.2 內容行銷經理

目標 （Objective）	**改善頁面外搜尋引擎優化（SEO）** 增強網站的頁面外 SEO 的重點在於建立其聲譽和權威。實現這些目標將有助於搜尋引擎更好地理解其他人如何看待我們的網站、產品和服務。
關鍵結果 （Key Results）	• 對合格的相關出版物進行宣傳，以確保獲得 ×× 篇文章的反向連結 • 今年每個月在高權威性網站上宣傳和撰寫 ×× 篇訪客文章 • 在我們的利基市場中吸引 ×× 位網紅，並徵求他們的回饋，評論或報價 • 每月在問答網站上回答 ×× 個相關問題
目標 （Objective）	**改善網頁搜尋引擎優化** 由於搜尋引擎嚴重依賴頁面 SEO 信號來確定頁面的品質和相關性，因此讓我們進行優化以獲得更好的使用者經驗。
關鍵結果 （Key Results）	• 透過技術性 SEO 審核來審核／清理我們的代碼 • 本季度在我們的媒體庫中為 ××%的圖像編寫描述性替代文本 • 每篇部落格文章包括 ×× 個內部連結 • 格式化 ×× 個登入頁面和部落格文章，以提升本季度的可讀性 • 到本季度末，確定並修復 ××%的斷開連結
目標 （Objective）	**制定廣告活動策略，以產生潛在客戶並吸引訪問即將到來的內容的流量** 積極推動購買意向在本季度增加免費試用。

關鍵結果 （Key Results）	• 創建針對現有和新潛在客戶的電子郵件策略 • 廣告系列啟動後的第一個月產生 ×× 個潛在客戶 • 確定 ×× 個新的分銷通路以覆蓋目標受眾 • 與銷售團隊保持一致，以辨識行銷合格線索和銷售合格線索標準
目標 （Objective）	**擴大內容行銷策略** 擴大我們的內容行銷策略，以吸引更多的流量和可歸因的試驗。
關鍵結果 （Key Results）	• 將部落格流量至少增加 ××%（環比成長） • 將第一頁關鍵字的排名從 ×× 提升到 ×× • 本季度產生 ×× 項基於內容的試用 • 建立並啟動新的細分部落格培育活動
目標 （Objective）	**在目標市場中增加品牌知名度** 為了獲得客戶的信任並在你的品牌上樹立信譽，你需要在目標市場中建立強大的影響力。你的目標是對目標搜尋引擎結果頁面進行排名，顯示在推薦清單中，並成為相關對話的一部分。
關鍵結果 （Key Results）	• 在目標高流量關鍵字上排名前 ×× 位 • 進行競爭對手分析，以確定競爭性內容機會 • 本季度品牌搜尋增加 ××% • 將 ×× 上的社群媒體參與度提升 ××% • 到本季度末，出現在 ×× 個新產品推薦列表中
目標 （Objective）	**透過內容更新促進自發流量** 迄今為止，我們在創建有價值的最新內容方面做得非常出色。幫助我們增加自然流量的最低成果之一是優化現有內容，而不是僅僅專注於創作新作品。
關鍵結果 （Key Results）	• 更新和修訂 ×× 個現有部落格文章 • 為每個更新的內容構建 ×× 個高品質的反向連結 • 在所有更新的作品中將自然流量提升 ××% • 更新所有作者的簡歷，以更好地突出他們的資格和行業專業知識

目標 （Objective）	**增加自發流量** 自發業務是難以置信的管道，可以專注於實現長期獲取和收入目標。讓我們繼續透過增加關鍵字排名和整體訪問量來突破極限。
關鍵結果 （Key Results）	• 本季度將總共 ×× ～ ×× 個關鍵字增加 ××% • 將關注後反向連結總數增加 ××% • 從新的引薦域中保護 ×× 個後續關注反向連結 • 在接下來的 ×× ～ ×× 個月內創建並執行關鍵字策略 • 更新 ×× 條衰減的內容
目標 （Objective）	**增加我們的新聞通訊清單並吸引訂閱者** 品質低時，訂閱者數量無效。讓我們建立我們的訂閱者列表，但創建一些有價值的東西以使他們一週又一週地參與其中。
關鍵結果 （Key Results）	• 本季度總訂閱者增加 ××% • 將點擊率從 ××（當前平均值）提升到 ××（目標平均值） • 將新聞通訊的網站訪問量提升 ××%
目標 （Objective）	**提升網站轉換率** 隨著產品和客戶的發展，網站的複製、設計和流程也應隨之發展。
關鍵結果 （Key Results）	• 在整個網站上運行 ×× 個優化測試（測試 CTA、複製、導航等） • 更新 ××% 的功能頁面以反映完整的產品 • 審查、優化和發現內容旅程中的差距（在本季度末共用完整報告）
目標 （Objective）	**構建強大的內容分發引擎** 任何內容行銷人員的黃金法則都是將 20% 的時間花在創作上，而將 80% 的時間花在發行上。構建一個發行引擎，使你創建的每一個單品的成功都飛速成長。

關鍵結果 （Key Results）	• 在 ×× 個新的分銷通路中查找和行銷 • 將新聞通訊訂閱者增加 ××% • 與外部合作夥伴一起進行 ×× 個聯合行銷活動

8.3 市場行銷總監

目標 （Objective）	**成為一個卓越的經理人**
關鍵結果 （Key Results）	• 將人員置於流程之上（例如：寫 ×× 張手寫卡給團隊成員以慶祝達成里程碑） • 將行動置於分析之上（例如：將構建－測量－學習這一週期縮短 ×× 週） • 將績效置於考勤之上（例如：確保每個團隊成員都記錄了 OKR，並按照計畫參加會議） • 傾聽重於宣講 • 意願重於技能（例如：與你的團隊進行每月一次的輔導課程）
目標 （Objective）	**專注於所有行銷活動中的包容性和多樣性** 包容性行銷並不僅限於使用多樣化的圖片。包容性行銷是指使邊緣化或代表性不足的群體能夠充分體驗並與品牌建立連繫的資訊、人員、流程和技術。讓我們成為一個可以與各行各業的人們建立連繫的品牌。
關鍵結果 （Key Results）	• 將行銷活動中代表性不足的少數人的可見度提升 ××% • 審核我們的社群媒體管道、電子郵件自動化和內容，並確定 ×× 個需要改進的地方 • 在本季度創建並突出顯示 ×× 個客戶案例，並牢記多樣性 • 建立代表我們所有客戶的品牌，而不僅僅是他們的一個子集
目標 （Objective）	**增加行銷轉化** 與團隊合作進行實驗，以改善我們的整體網站轉化率。

關鍵結果 （Key Results）	• 為行銷、成長和社區建設團隊設定特定目標，以流量和轉化為重點 • 網站訪問者每月增加 ×× % • 到本季度末，將首頁轉化率從 ×× %提升到 ×× % • 到本季度末，前 ×× 個轉化頁的訪問量增加 ×× %
目標 （Objective）	**提升你的管理技能** 優秀的管理人員可以保持團隊敬業度、高績效並留住人才。即使你已經是一位出色的經理，也總有改進的餘地。讓我們齊心協力，繼續傾聽，學習和發展我們的管理技能，並建立一種分享和對回饋採取行動的文化。
關鍵結果 （Key Results）	• 每月至少向每個直屬下屬提供 ×× 條可行的回饋意見 • 每月至少從每個直屬下屬處獲得 ×× 條可行的回饋意見 • 每月至少要和每個直屬下屬進行一次職業對話 • 本季度與一位管理教練／導師會面 • 在季度末根據員工的回饋採取行動並與團隊一起檢查你的進度
目標 （Objective）	**將試用轉換率提升 ×× %** 運行測試並優化我們的管道，以增加註冊試用的新用戶流量的百分比。
關鍵結果 （Key Results）	• 將行銷網站轉換率提升 ×× % • 確保 ×× %的試驗已進入產品合格線索（PQL）階段 • 與產品團隊一起進行 ×× 次測試，以改善本季度的導入體驗
目標 （Objective）	**［代理商］提升客戶的自然排名和流量** 作為一家行銷機構，關鍵是我們能夠為客戶帶來成果。讓我們專注於這些關鍵成果，以幫助我們的客戶取得成功。
關鍵結果 （Key Results）	• 進行手動外展，以確保每月有 ×× 個以上的連結展示位置 • 與 ×× 個行業網紅就引人注目的流量活動進行合作 • 將客戶關鍵字排名提升 ×× % • 將客戶流量增加 ×× %

附錄二　常見職位 OKR 樣例庫

目標 （Objective）	[代理商] ××%的客戶達到了北極星指標（NSM） 對我們每個客戶最重要的指標是什麼？讓我們創建一個計畫，以確保我們的團隊能夠到達每個客戶的 NSM 並使他們滿意。
關鍵結果 （Key Results）	• 為所有客戶制定自訂的第四季度策略 • 確保所有專案的自訂策略 • ××%的客戶已建立 NSM • 行銷團隊執行了 ××%的季度路線圖

8.4 成長行銷經理

目標 （Objective）	**本季度透過付費管道進行 ×× 次用戶試用** 發現新的付費行銷機會，並對其進行優化以推動具有成本效益的試用。
關鍵結果 （Key Results）	• 維持試用的綜合潛在客戶成本在 ×× 美元 • 確保 ×× 美元的支出預算花費掉並將其分配給適當的管道 • 從實驗性付費頻道吸引 ×× 位潛在客戶
目標 （Objective）	**辨識與其他品牌的聯合行銷機會** 成長行銷的關鍵之一是能夠與其他品牌建立互惠互利的關係。在成長中，我們稱之為聯合行銷。
關鍵結果 （Key Results）	• 建立包含 ×× 個以上品牌的資料庫，與我們分享相似的受眾群體，並找到獨特的角度來建立共同行銷關係 • 每季度發布至少一本聯合行銷電子書 • 透過 ×× 個管道（即電子郵件行銷、社群媒體、內容飛入、網站橫幅等）促進和分發電子書 • 生成並培養從電子書中選擇加入的 ×× 條潛在客戶

8.5 總編

目標 （Objective）	**與作家、撰稿人和客戶保持牢固的關係** 首先擔任編輯的同時，你還將擔任社區構建者的角色。對郵件進行逐一回覆可能會筋疲力盡，但是你的堅持回覆將使社區建設變得輕而易舉。

關鍵結果 （Key Results）	• 在 ×× 天之內回覆客戶和使用者的電子郵件 • 辨識並記錄貢獻者的里程碑（即議案被接受／拒絕、編輯等） • 透過對你的編輯和建議保持透明，確保作者始終對其內容具有權威
目標 （Objective）	**透過你對搜尋引擎優化最佳實踐的專家級了解來增加網站訪問量** 你的目標是提升流量，而方法是確保滿足並超過所有搜尋引擎優化要求。畢竟，你的眼睛是發布前最後一眼查看內容的方法！
關鍵結果 （Key Results）	• 在起草每篇文章之前，請先進行網站搜尋，以確保你不會批准會蠶食你網站上現有內容的關鍵字 • 在批准初稿之前，透過我們的 SEO 工具運行每個建議的關鍵字 • 在為作家創建大綱之前進行競爭性分析 • 檢查每一部分的頁面 SEO（標題、關鍵字、輔助關鍵字、元文本等）
目標 （Objective）	**確保滿足基本級別的內容準則，並且超越** 總編輯可能不是「完美主義者」的代名詞，但你的目標是確保內容盡可能引人入勝、清晰和獨特。
關鍵結果 （Key Results）	• 在標題和主標題中使用目標關鍵字，但不要在每篇已發表的文章中都填入內容 • 對已發表文章的文法和拼寫問題、結構問題、頁面搜尋引擎優化問題和設計問題進行徹底編輯 • 始終選擇與內容合拍並反映其意圖的圖像 • 透過抄襲檢查軟體運行所有內容，以確保原創性

8.6 行銷協調專員

目標 （Objective）	**加強我們的社區** 讓我們透過相關的社群媒體管道與我們的受眾互動。但是，更重要的是，讓我們以一種鼓勵他們透過建立一個很棒的社區來與我們互動的方式來做到這一點。

關鍵結果 （Key Results）	• 進行社群媒體審核並確定 ×× 個參與的關鍵機會 • 社群媒體對網站的訪問量環比成長 ××% • 每週回覆 ×× 條推文 • 與其他 ×× 家公司合作開展社群媒體活動 • 每月主持一次 ×× 聊天 • 找到 ×× 個新的相關 ×× 社區並與之互動
目標 （Objective）	**發現你的熱情** 你想保持多面手，還是某個特定管道比其他管道更能激發你的興趣？讓我們發現你對行銷充滿熱情！
關鍵結果 （Key Results）	• 從頭到尾與我們的內容行銷經理一起合作進行下一次電子書發布 • 記錄整個季度中你喜歡（不喜歡）從事哪些活動 • 與我們團隊中的每個人一起坐下來，以了解有關他們的角色、管道、職責等更多資訊 • 到本季度末主持行銷時事通訊感到自在

8.7 市場行銷經理

目標 （Objective）	**細化我們的定位** 我們是誰？我們與競爭對手有何不同？讓我們將本季度的重點放在確定我們的定位上，以便我們公司和受眾中的每個人都知道我們是誰，我們做什麼。
關鍵結果 （Key Results）	• 尋購 ×× 範本或創建定位範本以在該季度的前兩週內填寫 • 在第一個月末填寫 ××% 的定位文件（作為非常粗略的草稿處理） • 在草稿完成後的 ×× 週內，從相關方那裡獲得相關定位（即競爭性比較的銷售、產品行銷等）的回饋 • 在收到回饋的 ×× 週內，進行所需更改的 ××% 並完成文件 • 設置定期召開的季度會議，以審核和更新定位文件

目標 （Objective）	**成功地在 ×× 平臺上啟動** 作為一家科技公司，×× 平臺為我們帶來了令人難以置信的機會，可以吸引相關的網站流量並增加註冊量。讓我們在 ×× 平臺上成功運行廣告系列，然後將我們的產品展示在地圖上！
關鍵結果 （Key Results）	<ul><li>使用 z 數位管道為網站做好流量準備</li><li>透過公司帳戶發布促銷影片並連結到 ×× 上我們的 ×× 專案啟動頁面。</li><li>讓公司中的每個人都轉發促銷內容，以最大程度地曝光並進行宣傳</li><li>發布後的前幾個小時，在 ×× 公告影片中獲得 ×× 次觀看</li><li>×× 月 ×× 日 ×× 點達到 ×× 票贊成票</li><li>在發表會當天獲得 ×× 位產品搜尋網紅進行投票並發表評論</li><li>有 ×× 位 Twitter 技術影響者轉發公告推文以增加曝光度</li><li>給 ×× 以上關鍵人物直接電郵個性化資訊，感謝他們幫助和共用我們的「產品搜尋」頁面</li><li>全天每 30 ～ 60 分鐘發布一次，讓人們了解社群媒體排名第一的進展情況</li><li>在產品搜尋中獲得 ×× 多個讚譽</li><li>在發布之日，獲得 ×× 多名 ×× 平臺推薦的網站訪問者</li></ul>
目標 （Objective）	**制定廣告活動策略，以產生潛在客戶並吸引訪問即將到來的內容的流量** 積極推動線索在季度末增加免費試用。
關鍵結果 （Key Results）	<ul><li>創建針對現有和新潛在客戶的電子郵件策略</li><li>廣告系列啟動後的第一個月就產生 ×× 個潛在客戶線索</li><li>確定 ×× 個新的分銷通路以覆蓋目標受眾</li><li>與銷售團隊保持一致，以確定行銷合格線索和銷售合格線索標準</li></ul>
目標 （Objective）	**舉辦一個很棒的季度活動** 安排並舉行線上或離線活動，以提升公司形象並產生符合銷售條件的銷售線索。

關鍵結果 （Key Results）	• 每季度安排 ×× 個線上或離線活動 • 邀請 ×× 位相關利益相關者參加活動 • 吸引 ×× 人購買門票或 ×× 人免費註冊 • 產生 ×× 條新的銷售合格線索
目標 （Objective）	**為我們的前 ×× 個角色建立超個性化的電子郵件節奏** 讓我們專注於本季度我們的低掛水果以及從我們的產品中受益最大的人們。讓我們確保他們對我們的品牌都有個性化和量身定製的體驗。
關鍵結果 （Key Results）	• 創建特定角色的資產（部落格、內容升級等）以透過電子郵件節奏共享 • 從首次下載內容開始，為每個角色建立 ×× 點觸控電子郵件節奏 • 為每個角色創建一個以產品為中心的頁面（如測試用例頁面、推薦書等） • 設置電子郵件自動化
目標 （Objective）	**產品註冊量環比增加 ××%** 要體驗上折線形狀的加速成長，我們需要開展工作以實現創紀錄水準的成長。
關鍵結果 （Key Results）	• 與新合作夥伴一起進行 ×× 個聯合行銷廣告系列 • 確定轉化管道和需要改進的地方中的 ×× 個差距 • 透過反向連結構建和內容優化來提升底部管道和長尾關鍵字的排名 • 在 ×× 個「頂級工具」列表中占據一席之地
目標 （Objective）	**建立一個引擎，以每月被動地生成和轉換潛在客戶** 讓我們在本季度增加我們的客戶獲取數量！
關鍵結果 （Key Results）	• 在主要關鍵字主題上創建 ×× 多種內容，從而將搜尋流量提升 ××% • 創建相關的內容升級，使潛在客戶增加 ××% • 創建個性化的電子郵件行銷自動化，將潛在客戶的轉化率提升 ××%

8.8 搜尋引擎優化（SEO）專家

目標 （Objective）	**改善頁面外搜尋引擎優化** 增強網站的頁面外 SEO 的重點在於建立其聲譽和權威。實現這些目標將有助於搜尋引擎更好地理解其他人如何看待我們的網站、產品和服務。
關鍵結果 （Key Results）	• 對合格的相關出版物進行宣傳，以確保 ×× 篇文章的反向連結 • 今年每個月在高權威性網站上宣傳和撰寫 ×× 篇訪客文章 • 在我們的利基市場中吸引 ×× 位網紅，並徵求他們的回饋、評論或報價 • 每月在問答網站上回答 ×× 個相關問題
目標 （Objective）	**多樣化我們的反向連結資料** 我們需要增加來自新引薦域以及利基市場以外的權威網站的連結的種類。
關鍵結果 （Key Results）	• 每月獲得 ×× 個 .edu 連結 • 每月獲取 ×× 個 .gov 連結 • 每月獲得 ×× 個新的 ×× 連結
目標 （Objective）	**改善網頁搜尋引擎優化** 由於搜尋引擎嚴重依賴頁面 SEO 信號來確定頁面的品質和相關性，因此我們進行優化以獲得更好的使用者經驗。
關鍵結果 （Key Results）	• 透過技術性 SEO 審核來審核／清理我們的代碼 • 本季度在我們的媒體庫中為 ××% 的圖像編寫描述性替代文本 • 每篇部落格文章包括 ×× 個內部連結 • 格式化 ×× 個登入頁面和部落格文章，以提升本季度的可讀性 • 到本季度末，確定並修復 ××% 的斷開連結
目標 （Objective）	**透過你對搜尋引擎優化最佳實踐的專家級了解來增加網站訪問量** 你的目標是提升流量，而方法是確保滿足並超過所有搜尋引擎優化要求。畢竟，你的眼睛是發布前最後一眼查看內容的方法！

關鍵結果 （Key Results）	● 檢查每一部分的頁面搜尋引擎優化（標題、關鍵字、輔助關鍵字、元文本等） ● 在起草每篇文章之前，請先進行網站搜尋，以確保你不會批准會蠶食你網站上現有內容的關鍵字 ● 在批准初稿之前，透過我們的搜尋引擎優化工具運行每個建議的關鍵字 ● 在為作家創建大綱之前進行競爭性分析
目標 （Objective）	**增加自發流量** 自發業務是難以置信的管道，可以專注於實現長期獲取和收入目標。讓我們繼續透過增加關鍵字排名和整體訪問量來突破極限。
關鍵結果 （Key Results）	● 本季度將總共 ×× 個關鍵字增加 ××% ● 將關注後反向連結總數增加 ××% ● 從新的引薦域中保護 ×× 個後續關注反向連結 ● 在接下來的 ×× ～ ×× 個月內創建並執行關鍵字策略 ● 更新 ×× 條衰減的內容

8.9 社群媒體經理

目標 （Objective）	**啟動 ×× 聊天** 與客戶進行對話的一種好方法是給他們一個與我們交談的理由。讓我們發起每月的 ×× 聊天，開始圍繞我們的品牌建立社區。另外，這是了解我們的客戶並創建更多內容的好方法！
關鍵結果 （Key Results）	● 擴大 ×× 聊天的後勤範圍（標籤、主題、目標受眾等） ● 確保 ×× 個參與者（至少有 5,000 個 ×× 平臺追蹤者）參與本季度的每次聊天 ● 為每個活動起草 ×× 個帶有創意的問題 ● 每次 ×× 聊天後 ×× 週內寫一篇綜述文章，介紹最重要的貢獻

目標 （Objective）	**提升品牌知名度** 讓我們成為社群媒體上最響亮的品牌之一。我們的目的是確保在本季度末人們知道我們是誰。
關鍵結果 （Key Results）	• 到本季度末，粉絲數量增加 ××% • 到本季度末，提及、分享和轉發的數量增加 ××% • 到本季度末，社群媒體在 ×× 平臺上的文章的總覆蓋率增加了 ××%。
目標 （Objective）	**與所有社交管道的客戶互動** 為了在社群媒體上取得成功，我們需要花時間與客戶互動，而不僅僅是發布並希望人們與我們互動。讓我們有意識地努力與我們所有社交管道的客戶互動。
關鍵結果 （Key Results）	• 本季度每天在社群媒體上花費 ×× 分鐘與客戶互動 • 將你的時間花費在 ××%的回覆評論和 ××%的新朋友互動上 • 在每個月末，比較每月的指標（追蹤者、參與度、潛在客戶、收入、點擊量）

8.10 市場行銷副總裁

目標 （Objective）	**增加銷售團隊的收入機會** 事實證明，行銷線索是銷售團隊的寶貴資源。加倍努力將有助於提升其推廣的品質和效率。
關鍵結果 （Key Results）	• 傳到銷售的 MQL（行銷合格線索）逐月環比增加 ××% • 與上一季度相比，與企業相關的註冊人數增加了 ××% • 基於角色的註冊量環比增加 ××%
目標 （Objective）	**成為一個卓越的經理人**

附錄二 常見職位 OKR 樣例庫

關鍵結果 （Key Results）	• 將人員置於流程之上（例如：寫 ×× 張手寫卡給團隊成員以慶祝達成里程碑） • 將行動置於分析之上（例如：將構建－測量－學習這一週期縮短 ×× 週） • 將績效置於考勤之上（例如：確保每個團隊成員都記錄了 OKR，並按照計畫參加會議） • 傾聽重於宣講 • 意願重於技能（例如：與你的團隊進行每月一次的輔導課程）
目標 （Objective）	**在整個團隊中實施新的一對一計畫，以促進經理與其直屬下屬之間更好的溝通** 一對一是建立信任、分享回饋和與每個團隊成員互動的好機會。一對一提供了一個專門的時間和地點來討論一切從路障到職業抱負，使他們獨當一面。
關鍵結果 （Key Results）	• 選擇一對一的會議平臺 • 選擇未來 ×× 個月的 ×× ～ ×× 個主題供團隊改進（即成長、溝通、激勵） • 與所有人員管理者會面，介紹概念並討論主題 • 將概念介紹給整個團隊，並確保每個經理與其直屬下屬安排會議 • 確保每個經理在每一個與主題相關的一對一中都會提出發人深省的問題 • 每個月與你的經理核實，以確保沒有取消任何一對一會議，並且只因假期或緊急情況而重新安排 • 本季度閱讀一本關於溝通或提問的書
目標 （Objective）	**專注於所有行銷活動中的包容性和多樣性** 包容性行銷並不僅限於使用多樣化的圖片。包容性行銷是指使邊緣化或代表性不足的群體能夠充分體驗並與品牌建立連繫的資訊、人員、流程和技術。讓我們成為一個可以與各行各業的人們建立連繫的品牌。

關鍵結果 （Key Results）	• 將行銷活動中代表性不足的少數人的可見度提升 ××% • 審核我們的社群媒體管道、電子郵件自動化和內容，並確定 ×× 個需要改進的地方 • 在本季度創建並突出顯示 ×× 個客戶案例，並牢記多樣性 • 建立代表我們所有客戶的品牌，而不僅僅是他們的一個子集
目標 （Objective）	**增加行銷轉化** 與團隊合作進行實驗，以改善我們的整體網站轉化率。
關鍵結果 （Key Results）	• 為行銷，成長和社區建設團隊設定特定目標，以流量和轉化為重點 • 網站訪問者每月增加 ××% • 到本季度末，將首頁轉化率從 ××%提升到 ××% • 到本季度末，前 ×× 個轉化頁的訪問量增加 ××%
目標 （Objective）	**提升你的管理技能** 優秀的管理人員可以保持團隊敬業度、高績效並留住人才。即使你已經是一位出色的經理，也總有改進的餘地。讓我們齊心協力，繼續傾聽，學習和發展我們的管理技能，並建立一種分享和對回饋採取行動的文化。
關鍵結果 （Key Results）	• 每月至少向每個直屬下屬提供 ×× 條可行的回饋意見 • 每月至少從每個直屬下屬處獲得 ×× 條可行的回饋意見 • 每月至少要和每個直屬下屬進行一次職業對話 • 本季度與一位管理教練／導師會面 • 在季度末根據員工的回饋採取行動並與團隊一起檢查你的進度
目標 （Objective）	**改善我們的行銷資訊和產品定位** 被我們所使用的語言包裹起來是如此容易，以至於我們有時會忘記它是否會引起客戶的共鳴。讓我們確保我們的客戶確切了解我們要傳達的內容。
關鍵結果 （Key Results）	• 進行 ×× 次客戶訪談，以了解人們如何看待我們的資訊 • 審核網站並確定 ×× 個差距和需要改進的地方 • 創建並提出改善消息傳遞的行動計畫

目標 （Objective）	**年度突破公司** 在所有行銷管道中取得破紀錄的數字。
關鍵結果 （Key Results）	• 確保 ×× 個第一梯隊媒體位置 • 交付高品質的潛在客戶，以達成銷售（市場行銷潛在客戶的接受率至少為 ××%，閉合贏得率為 ××%） • MQL 環比增加 ××% • 將市場行銷機會增加 ××%
目標 （Objective）	**建立並領導世界一流的行銷團隊** 建立一支合作有效的行銷團隊，並為團隊中的每個人提供持續的指導機會。
關鍵結果 （Key Results）	• 招聘經驗豐富的領導者以實現所需的行銷職能（即內容、產品等） • 與人力資源部合作，建立吸引高潛力人才的積極雇主品牌 • 與業務、客戶管理和產品團隊保持強而有力的溝通和合作，以實現行銷目標 • 與中層管理人員制定關鍵績效指標，以鼓勵團隊內部持續的指導和成長 • 預訂並舉行所有策略行銷的每月跨級別會議

8.11 網頁開發人員

目標 （Objective）	**學習一個新的 JavaScript 框架** 讓我們繼續發展你在 Web 開發所有事物上的知識和專長。本季度，花一些時間學習新的 JavaScript 框架。
關鍵結果 （Key Results）	• 確定你要學習的新 JavaScript 框架 • 每週至少花費 ×× 個小時來學習本季度的新框架 • 使用此框架為網站創建新功能
目標 （Objective）	**本季度構建 ×× 個新的登入頁範本** 與內容和設計團隊一起確定需要的頁面，頁面的外觀並創建它們。

關鍵結果 （Key Results）	• 與內容和設計團隊合作計畫目標，設計和功能需求 • 按照內容和設計中的說明構建 ×× 頁 • 在下個月每週監視構建後的登入頁是否有錯誤或改進
目標 （Objective）	**提升行銷網站的性能** 確保我們面向公眾的行銷網站對所有用戶都是快速且可用的。
關鍵結果 （Key Results）	• 本季度將整體網站速度降低至少 ××% • 在 ×× 平臺中保持最高的四分位數效果 • 確保所有網站資產都經過壓縮和優化 • 審核所有網站 JavaScript 標籤

9. 營運

9.1 行政／營運

行政管理和營運的 OKR 通常側重於提升效率和節省資金。

目標 （Objective）	**改善 IT 基礎架構**
關鍵結果 （Key Results）	• 第二季度將系統停機時間減少 ××%。 • 培訓 ××%的團隊進行新的雲端備份。
目標 （Objective）	**將營運成本降低 ××%**
關鍵結果 （Key Results）	• 購買咖啡壺和咖啡機，然後取消咖啡服務。 • 將地毯清潔合約改為季度而不是每月。 • 一次只打開一盒便利貼，以阻止人們在不需要新便利貼時加滿便利貼。
目標 （Objective）	**改善內部檔案管理**

關鍵結果 （Key Results）	<ul><li>安裝新的檔案管理軟體</li><li>在第一季度，將 ××% 的資料從舊軟體移至新軟體</li><li>維護每個團隊自己的檔案目錄</li></ul>
目標 （Objective）	**在第一季度末之前簡化庫存管理流程**
關鍵結果 （Key Results）	<ul><li>預測所有部門到第三季度末之前的需求</li><li>在第一季度之前記錄追蹤訂購數量與需求數量</li><li>實施新系統以更好地處理庫存</li></ul>

9.2 營運長（COO）

目標 （Objective）	**改善我們的遠端入職流程** 入職是任何新員工進入我們公司的旅程中最重要的里程碑之一。正面的入職體驗會影響留任率、生產力和整體參與度。這就是為什麼它如此重要以至於我們對它持積極態度。
關鍵結果 （Key Results）	<ul><li>創建工作聘書範本供所有招聘經理使用</li><li>概述招聘經理要遵循的主要里程碑和最佳做法（例如：視訊通話以介紹要約，共用員工手冊等）</li><li>記錄每位新員工應獲得的必要軟體帳戶（薪資、人力資源、電子郵件、溝通工具等），並任命某人負責此流程</li><li>與所有今年聘用的新員工預訂 1 週、1 個月和 90 天的回顧</li></ul>
目標 （Objective）	**在整個團隊中實施新的一對一計畫，以促進經理與其直屬下屬之間更好的溝通** 一對一是建立信任、分享回饋和與每個團隊成員互動的好機會。一對一提供了一個專門的時間和地點來討論一切從路障到職業抱負，使他們獨當一面。

關鍵結果 （Key Results）	• 選擇一對一的會議平臺 • 選擇未來 ×× 個月的 ×× ～ ×× 個主題供團隊改進（即成長、溝通、激勵） • 與所有人員管理者會面，介紹概念並討論主題 • 將概念介紹給整個團隊，並確保每個經理與其直屬下屬安排會議 • 確保每個經理在每一個與主題相關的一對一中都會提出發人深省的問題 • 每個月與你的經理核實，以確保沒有取消任何一對一會議，並且只因假期或緊急情況而重新安排 • 本季度閱讀一本關於溝通或提問的書
目標 （Objective）	**提升你的管理技能** 優秀的管理人員可以保持團隊敬業度、高績效並留住人才。即使你已經是一位出色的經理，也總有改進的餘地。讓我們齊心協力，繼續傾聽，學習和發展我們的管理技能，並建立一種分享和對回饋採取行動的文化。
關鍵結果 （Key Results）	• 每月至少向每個直屬下屬提供 ×× 條可行的回饋意見 • 每月至少從每個直屬下屬處獲得 ×× 條可行的回饋意見 • 每月至少要和每個直屬下屬進行一次職業對話 • 本季度與一位管理教練／導師會面 • 在季度末根據員工的回饋採取行動並與團隊一起檢查你的進度
目標 （Objective）	**僱用 ×× 名多樣化和熟練的員工** 招募 ×× 名新的計畫僱用人員，並確保我們創建多樣化的管道。還可以以啟動預算吸引高素養的人才。
關鍵結果 （Key Results）	• 與人力資源顧問一起審查職位發布，以確保它們具有包容性和競爭力 • 面試每個角色的至少 ×× 名候選人，其中至少 ×× 名來自邊緣化社區 • 聘請最終員工在營運預算概述的總薪酬範圍內

附錄二 常見職位 OKR 樣例庫

9.3 高級營運經理

目標 （Objective）	**確保符合工作場所的健康和安全標準** 讓我們確保為所有員工創造一個健康安全的環境。
關鍵結果 （Key Results）	• 確保 ××% 遵守 ×× 標準等 • 確保 ××% 遵守 ISO 9000 品質管制標準 • 舉行季度午餐會，並與全體員工一起學習工作場所的健康和安全標準（以及如何達到標準）
目標 （Objective）	**確保持續的營運改進** 在發展和擴展我們的營運能力的同時，確保對安全性、品質、成本和交付等方面進行持續改進。
關鍵結果 （Key Results）	• 將生產時間減少 ××% • 將產品品質提升 ××% • 縮短 ××% 的交付時間
目標 （Objective）	**提升你的管理技能** 優秀的管理人員可以保持團隊敬業度、高績效並留住人才。即使你已經是一位出色的經理，也總有改進的餘地。讓我們齊心協力，繼續傾聽，學習和發展我們的管理技能，並建立一種分享和對回饋採取行動的文化。
關鍵結果 （Key Results）	• 每月至少向每個直屬下屬提供 ×× 條可行的回饋意見 • 每月至少從每個直屬下屬處獲得 ×× 條可行的回饋意見 • 每月至少要和每個直屬下屬進行一次職業對話 • 本季度與一位管理教練／導師會面 • 在季度末根據員工的回饋採取行動並與團隊一起檢查你的進度

■10. 專案管理

10.1 專案經理

目標 （Objective）	**成功啟動 ×× 產品的 Beta 版**
關鍵結果 （Key Results）	• 收集前 ××%客戶的回饋 • 至少在 ×× 種主要出版物中獲得已發布的產品評論 • 至少獲得 ××%的新註冊用戶
目標 （Objective）	**設計新產品願景**
關鍵結果 （Key Results）	• 獲得團隊的內部回饋（最好是大規模的） • 徵詢至少 ××%的潛在客戶的回饋 • 從潛在客戶那裡獲得 U×× 樣機的最高可用性得分
目標 （Objective）	**到第二季度精準解決當前使用者介面的問題**
關鍵結果 （Key Results）	• 即時運行所有功能的品質保證 • 演示減少延遲時間的解決方案 • 確定導致產品滯後的區域
目標 （Objective）	**到第四季度將產品性能提升 ××%**
關鍵結果 （Key Results）	• 消除 ××%的錯誤 • 合併新工具以提升性能 • 減少 ××%的處理時間

11. 產品部門

11.1 產品設計師

目標 （Objective）	**開拓產品視野** 透過你的研究和從客戶那裡收集的見解，根據公司使命為我們的產品開發視覺原型。
關鍵結果 （Key Results）	• 收集定性和定量研究以建立你的假設 • 將你的主要發現轉化為見解並就潛在解決方案進行構想 • 收集來自客戶和同行的回饋，以驗證和擴展概念 • 製作最終原型並將其展示給公司，以徵求更多回饋 • 與你的產品同行一起確定路線圖上的優先順序
目標 （Objective）	**與客戶保持親密關係** 與客戶和支援團隊會面，以突出未滿足的需求和市場上的常見行為。
關鍵結果 （Key Results）	• 每月見面並採訪 ×× 位客戶 • 收集客戶支援和成功團隊的見解 • 記錄客戶回饋，以幫助告知將來的設計和產品決策

11.2 產品經理

目標 （Objective）	**消除回饋意見的障礙** 透過設置可從產品內部輕鬆訪問的表格或其他方法，簡化使用者留下產品回饋的過程。這也適用於內部員工。
關鍵結果 （Key Results）	• 舉行季度全體會議以收集想法並討論產品路線圖的優先順序 • 設置社區回饋頁面，使用者可以在該頁面上投票其他使用者的產品功能／回饋 • 與新員工設置一對一的會議，以收集他們對產品的最初反應 • 將季度用戶回饋提交量增加 ××%

目標 （Objective）	**提升客戶滿意度** 當我們的客戶滿意時，他們更有可能推薦他們的朋友，分享回饋意見並繼續使用該產品。讓我們專注於創建使客戶滿意的產品！
關鍵結果 （Key Results）	• 將平均淨推薦值從 ×× 提升到 ×× • 將客戶支援問題和投訴數量減少 ××% • 進行 ×× 次客戶採訪以獲取回饋 • 對最近流失的客戶進行 ×× 次客戶採訪 • 在所有管道上獲得 ×× 條新客戶評論
目標 （Objective）	**定義啟動標準** 要使使用者真正被認為是活躍的，需要什麼條件？了解這一點將有助於我們更好地了解我們作為公司和團隊的表現。
關鍵結果 （Key Results）	• 發現已保留的 ×× 位用戶 • 確定導入期間及以後的常見行動
目標 （Objective）	**簡化客戶導入** 第一印象就是一切。確保我們創造了出色的導入體驗，使我們的客戶從第一天開始就獲得成功。
關鍵結果 （Key Results）	• 將註冊轉換率提升 ××% • 將導入完成率提升到 ××% • 將新用戶的啟動率從 ××% 提升到 ××%
目標 （Objective）	**確保交付的產品更新有價值** 功能永遠不會真正完成。在構建功能的下一個反覆運算之前，請確保在考慮使用者回饋的情況下以正確的方式構建事物。
關鍵結果 （Key Results）	• 將專案範圍縮小到最小可行的附加值 • 收集回饋並評估 ×× 個客戶的使用情況 • 構建專案的下一個反覆運算

附錄二　常見職位 OKR 樣例庫

目標 （Objective）	**打造一流的產品** 從減少錯誤到無縫的使用者經驗，讓我們專注於為我們的客戶構建最佳產品。
關鍵結果 （Key Results）	● 將平均淨推薦值從 ×× 提升至 ×× ● 獲得 ×× 條新的應用程式商店評論 ● 將客戶流失率降低 ××%
目標 （Objective）	**與我們的客戶互動** 最接近客戶者取勝，讓我們優先考慮與客戶的互動和學習。
關鍵結果 （Key Results）	● 組織產品回饋並將其分類到潛在的開發專案中 ● 進行 ×× 次使用者測試會議，以審查客戶如何與產品互動 ● 與我們的客戶管理團隊進行每週兩次的定期同步，以利用持續的客戶回饋
目標 （Objective）	**驗證我們解決方案的產品市場適應性** 我們是否正在構建人們想要和需要的東西？我們的客戶、潛在客戶和市場對我們有什麼看法？
關鍵結果 （Key Results）	● 查看現有產品文件 ● 完善和驗證要完成的工作框架 ● 驗證客戶旅程 ● 進行 ×× 次客戶訪談以驗證我們要解決的問題

11.3 高級產品經理

目標 （Objective）	**消除回饋意見的障礙** 透過設置可從產品內部輕鬆訪問的表格或其他方法，簡化使用者留下產品回饋的過程。這也適用於內部員工。

關鍵結果 （Key Results）	• 舉行季度全體會議以收集想法並討論產品路線圖的優先順序 • 設置社區回饋頁面，使用者可以在該頁面上投票其他使用者的產品功能／回饋 • 與新員工設置一對一的會議，以收集他們對產品的最初反應 • 將季度用戶回饋提交量增加 ××%
目標 （Objective）	**成為一個卓越的經理人**
關鍵結果 （Key Results）	• 將人員置於流程之上（例如：寫 ×× 張手寫卡給團隊成員以慶祝達成里程碑） • 將行動置於分析之上（例如：將構建－測量－學習這一週期縮短 ×× 週） • 將績效置於考勤之上（例如：確保每個團隊成員都記錄了 OKR，並按照計畫參加會議） • 傾聽重於宣講 • 意願重於技能（例如：與你的團隊進行每月一次的輔導課程）
目標 （Objective）	**增加用戶參與度** 作為產品負責人，你有責任讓使用者參與該產品。在我們的入門和啟動管道中查找產品缺陷或需要改進的地方，以增加我們產品系列中的使用者參與度。
關鍵結果 （Key Results）	• ×× 週保留率提升 ××% • 平均應用時間增加 ××% • 將日活使用者／月活使用者提升 ××%
目標 （Objective）	**增加來自每位客戶的收入** 作為產品潛在客戶成長公司的產品負責人，我們負責每個客戶的收入成長。提升管道轉換率並引入新產品功能以增加收入。
關鍵結果 （Key Results）	• 將客戶的 LTV（生命週期總價值）提升 ××% • 減少 ××% 的客戶流失 • 推出新的頂級定價套餐

目標 （Objective）	**鼓勵客戶推薦** 吸引客戶的最有效途徑之一是透過客戶推薦。讓我們找出如何使我們的客戶達到他們如此熱愛我們的產品，以至於告訴他們的朋友的地步！
關鍵結果 （Key Results）	• 發現激發推薦所需的最低價值 • 實施客戶推薦計畫 • 採訪了受邀參加我們的推薦計畫但沒有透過該計畫的 ×× 位客戶
目標 （Objective）	**提升客戶滿意度** 當我們的客戶滿意時，他們更有可能推薦他們的朋友，分享回饋意見並繼續使用該產品。讓我們專注於創建使客戶滿意的產品！
關鍵結果 （Key Results）	• 將平均淨推薦值從 ×× 提升到 ×× • 將客戶支援問題和投訴數量減少 ××% • 進行 ×× 次客戶採訪以獲取回饋 • 對最近流失的客戶進行 ×× 次客戶採訪 • 在所有管道上獲得 ×× 條新客戶評論
目標 （Objective）	**提升完整的管道轉化率** 更好地了解我們的轉化率在整個管道中下降的位置。確定需要進行哪些更改並確定其優先順序，以提升整體轉化率。
關鍵結果 （Key Results）	• 確定產品獲取管道的 ×× 個部分以進行改進 • 將註冊轉換率提升 ××% • 將試用版的付費轉化率從 ××% 提升到 ××%

11.4 產品副總裁

目標 （Objective）	**成為一個卓越的經理人**

關鍵結果 （Key Results）	• 將人員置於流程之上（例如：寫 ×× 張手寫卡給團隊成員以慶祝達成里程碑） • 將行動置於分析之上（例如：將構建－測量－學習這一週期縮短 ×× 週） • 將績效置於考勤之上（例如：確保每個團隊成員都記錄了 OKR，並按照計畫參加會議） • 傾聽重於宣講 • 意願重於技能（例如：與你的團隊進行每月一次的輔導課程）
目標 （Objective）	**在整個團隊中實施新的一對一計畫，以促進經理與其直屬下屬之間更好的溝通** 一對一是建立信任、分享回饋和與每個團隊成員互動的好機會。一對一提供了一個專門的時間和地點來討論一切從路障到職業抱負，使他們獨當一面。
關鍵結果 （Key Results）	• 選擇一對一的會議平臺 • 選擇未來 ×× 個月的 ×× ～ ×× 個主題供團隊改進（即成長、溝通、激勵） • 與所有人員管理者會面，介紹概念並討論主題 • 將概念介紹給整個團隊，並確保每個經理與其直屬下屬安排會議 • 確保每個經理在每一個與主題相關的一對一中都會提出發人深省的問題 • 每個月與你的經理核實，以確保沒有取消任何一對一會議，並且只因假期或緊急情況而重新安排 • 本季度閱讀一本關於溝通或提問的書
目標 （Objective）	**提升你的管理技能** 優秀的管理人員可以保持團隊敬業度、高績效並留住人才。即使你已經是一位出色的經理，也總有改進的餘地。讓我們齊心協力，繼續傾聽，學習和發展我們的管理技能，並建立一種分享和對回饋採取行動的文化。

關鍵結果 （Key Results）	<ul><li>每月至少向每個直屬下屬提供 ×× 條可行的回饋意見</li><li>每月至少從每個直屬下屬處獲得 ×× 條可行的回饋意見</li><li>每月至少要和每個直屬下屬進行一次職業對話</li><li>本季度與一位管理教練／導師會面</li><li>在季度末根據員工的回饋採取行動並與團隊一起檢查你的進度</li></ul>
目標 （Objective）	**建立並領導世界一流的產品團隊** 建立一支高效、合作且以資料為驅動力的產品團隊，並將其始終專注於客戶。專注於持續的指導和創造機會，以保持團隊的參與度。
關鍵結果 （Key Results）	<ul><li>僱用 ×× 位高級專案經理，×× 位專案經理和 ×× 位 U×× 設計人員</li><li>與業務、客戶管理和行銷團隊保持強而有力的溝通和合作，以鼓勵以客戶為中心的文化</li><li>為每個專案經理設置 KPI，以鼓勵團隊中不斷的指導和成長</li></ul>
目標 （Objective）	**向團隊介紹 10/50/99 回饋流程** 不要等到你的設計師和專案經理完全創建了使用者案例和設計，然後再抓取一個專案。實施 10/50/99 流程可最大程度地減少挫敗感，專案延誤並加快團隊的產出。
關鍵結果 （Key Results）	<ul><li>調整並記錄團隊中 10/50/99 流程的工作方式</li><li>為即將開展的專案設置 10、50 和 99 個會議／接觸點</li><li>完成 ×× 個主要的端到端功能後，回顧該流程對團隊的工作方式</li></ul>
目標 （Objective）	**在整個公司範圍內增加產品學習** 從我們做什麼到為什麼這樣做，我們要確保組織中的每個人都對我們的團隊和產品的功能有很好的了解。
關鍵結果 （Key Results）	<ul><li>做 ×× 次午餐學習展示新功能的產品</li><li>在團隊中花費 ××% 的學習時間</li><li>進行 ×× 次跨職能知識共用會議</li><li>與產品行銷人員建立一個兩週一次的同儕一對一會議</li></ul>

11.5 設計團隊

目標 （Objective）	為繪圖嚮導提供設計
關鍵結果 （Key Results）	• 在第二季度的第一個月，使用用戶組中的候選人完成初始使用者測試 • 交付線框 • 確認調色板的最後兩個選項

目標 （Objective）	提升產品可用性
關鍵結果 （Key Results）	• 完成工作流程嚮導 • 根據對最新調查的 ×× 項答覆，將系統可用性等級從 ×× 提升到 ××（最高為 10） • 將支持要求減少 ××%

目標 （Objective）	為董事提供新的業務章程
關鍵結果 （Key Results）	• 設計和調整演示材料的布局 • 開發 ×× 個圖表 • 創建客戶入口網站

12. 公關／投資者關係

12.1 投資者關係／公共關係

目標 （Objective）	提升我們的品牌知名度
關鍵結果 （Key Results）	• 到第一季度末，舉辦 ×× 次媒體通話／會議 • 與關鍵行業影響者進行 ×× 次電話／會議 • 在年度行業會議上獲得 ×× 個演講機會

目標 （Objective）	與 ×× 平臺建立牢固的關係

附錄二　常見職位 OKR 樣例庫

關鍵結果 （Key Results）	• 在第一季度做 ×× 次分析師簡報 • 提交分析師報告申請 • 在我們的網路研討會上有 ×× 位分析師專題 • 舉辦 ×× 次分析師電話會議－提供新產品發布更新

12.2 公共關係

目標 （Objective）	**提升專業藝術家對新遮罩產品的認知**
關鍵結果 （Key Results）	• 第一季度末之前，透過主要藝術家雜誌上的廣告創造 ×× 　次展示 • 第一季度末之前，在 ×× 城市的最暢銷商店中安排為期兩天的 　演示桌 • 安排 ×× 個主要手工藝品展的展位

目標 （Objective）	**透過新電子書獲得的轉化增加 ××%**
關鍵結果 （Key Results）	• 在 ×× 月底之前寫一本新的電子書 • 在 ×× 個最相關的網站上發表 ×× 篇部落格文章 • 利用現有清單實施電子郵件擴展

目標 （Objective）	**提升公司產品的知名度**
關鍵結果 （Key Results）	• 在前三本高端生活方式雜誌中投放 ×× 個廣告 • 在城市 ×× 展上開發互動式體驗 • 建立一個 ×× 活動的贊助

13. 業務部

目標 （Objective）	**透過客戶推薦的自我推銷** 交易完成後，與客戶輕鬆自在交談。我們必須繼續與客戶建立關係，這一點很重要，因為它將為我們提供大量的回饋和熱銷線索。
關鍵結果 （Key Results）	• 透過電子郵件發送 ×× 位客戶連絡人以檢查產品的運行情況 • 與 ×× 位客戶建立連繫，以確保他們的體驗進展順利 • 確保 ×× 個簡介可以吸引客戶的潛在客戶
目標 （Objective）	**平均交易規模達到 ×× 美元或以上** 專注於將對我們的 MRR（月度經常性收入）和 ARR（年度經常性收入）產生重大影響的新業務。
關鍵結果 （Key Results）	• 贏得的總交易金額為 ×× 或更高 • 達成 ×× 筆小型交易 • 達成 ×× 個中型交易 • 達成 ×× 筆大型交易
目標 （Objective）	**達到 ××%或更高的成功率** 提升或維持我們當前的從演示到接近成功的轉化率。
關鍵結果 （Key Results）	• 演示獲得 ××%的買入轉化率 • 收集投標書／報價的轉換率達到 ××% • 提案／報價的中標轉化率為 ××%
目標 （Objective）	**維持 ×× 個月或以下的銷售週期** 維持或改善總體銷售週期平均值（當前為 ×× 個月）。
關鍵結果 （Key Results）	• 演示階段持續時間不超過 ×× 天 • 收集首肯階段持續時間不超過 ×× 天 • 投標／報價階段的平均時間不超過 ×× 天

附錄二　常見職位 OKR 樣例庫

目標 （Objective）	**維持 ×× 萬美元的潛在業務量** 保持團隊整體活躍的強勁的潛在業務量。
關鍵結果 （Key Results）	• 本季度接受合格潛在業務量中的 ×× 萬美元 • 將 ×× 萬美元用於培育或關閉 • 在新訂單中簽約 ×× 萬美元

13.2 客戶經理

目標 （Objective）	**達到並超過月度，季度和年度銷售指標** 我們是業務人員，這就是我們的工作。儘管這些目標是你特有的，但要實現這些目標將是團隊合作的成果。從與經理進行的持續培訓課程到與同行交流回饋，支持和依靠你的團隊，使本月、季度和年度的業績均創歷史新高！
關鍵結果 （Key Results）	• 你所有客戶的平均淨推薦值為 ×× 以上 • 本月加售 ×× 美元 • 本季度的加售額為 ×× 美元 • 今年的加售額為 ×× 美元 • 每週與同行分享和接收有關電子郵件，電話或其他客戶互動的 ×× 條回饋 • 與你的直接經理安排定期的每月輔導課程
目標 （Objective）	**本季度透過加售產生 ×× 美元的收入** 專注於發展現有關係。你有責任為我們的客戶提供最佳的銷售體驗，從確定每個客戶的痛點到將其轉化為商機。
關鍵結果 （Key Results）	• 到本季度末，客戶中的 ××%了解我們的所有產品和服務 • 每月發送一封電子郵件到 ××%的客戶預訂中，以檢查進展情況 • 與 ×× 位客戶建立連繫，以確保他們的體驗良好，並發現加售機會

目標 （Objective）	**透過客戶推薦的自我推銷** 交易完成後與客戶輕鬆自在交談。我們必須繼續與客戶建立關係，這一點很重要，因為它將為我們提供大量的回饋和熱銷線索。
關鍵結果 （Key Results）	• 透過電子郵件傳送 ×× 位客戶聯絡人以檢查產品的運行情況 • 與 ×× 位客戶建立連繫，以確保他們的體驗進展順利 • 確保 ×× 個簡介可以吸引客戶的潛在線索

13.3 業務部負責人

目標 （Objective）	**優化我們的銷售流程** 從改善銷售技巧到指導業務代表，本季度應專注於優化我們銷售流程的每個部分。
關鍵結果 （Key Results）	• 與每位業務代表每兩週舉行一次教練輔導 • 讓新的業務代表呈現銷售電話記錄，並在每次團隊會議中提供圓桌會議回饋 • 與市場行銷部門合作以更新銷售資料，並確保它們具有品牌價值 • 深入了解每個業務代表在哪裡掙扎，在哪裡蓬勃發展以及他們喜歡學習的方式
目標 （Objective）	**建立銷售團隊** 聘請新的業務代表或從內部進行推廣以填補任何空白並推動我們的發展。
關鍵結果 （Key Results）	• 聘用 ×× 位業務開發代表 • 聘用 ×× 位客戶主管並提升 ×× 位業務開發代表 • 本季度提升 ×× 個客戶主管，成為業務經理或業務主管
目標 （Objective）	**成為一個卓越的經理人**

關鍵結果 （Key Results）	<ul><li>將人員置於流程之上（例如：寫 ×× 張手寫卡給團隊成員以慶祝達成里程碑）</li><li>將行動置於分析之上（例如：將構建－測量－學習這一週期縮短 ×× 週）</li><li>將績效置於考勤之上（例如：確保每個團隊成員都記錄了 OKR，並按照計畫參加會議）</li><li>傾聽重於宣講</li><li>意願重於技能（例如：與你的團隊進行每月一次的輔導課程）</li></ul>
目標 （Objective）	**產生 ×× 萬美元的淨新收入** 專注於保持我們的成長動力。
關鍵結果 （Key Results）	<ul><li>在新管道中創造 ×× 萬美元的收入</li><li>維持 ×× 個月或更短的銷售週期</li><li>將勝率提升到 ××%</li><li>簽約 ×× 位新客戶</li></ul>

13.4 業務營運經理

目標 （Objective）	**減少業務營運開銷** 隨著我們團隊的成長，工具和支出的數量急劇增加。讓我們減少開支，同時保持效率。
關鍵結果 （Key Results）	<ul><li>在 ×× 月 ×× 日之前獲得我們收入組織的預算和技術需求策略的批准</li><li>本季度將技術堆疊成本降低 ××%</li></ul>
目標 （Objective）	**負責銷售技術堆疊** 銷售團隊可以使用許多技術，從發現聯絡資訊到外展平臺。研究並建立銷售技術堆疊，使我們的團隊能夠高效地開展工作。
關鍵結果 （Key Results）	<ul><li>在 ×× 月 ×× 日之前為業務營運團隊實施並整合所需的聯絡資料提供商</li><li>在 ×× 月 ×× 日之前為 CRO KPI 實施即時儀表板和報告</li></ul>

目標 （Objective）	**今年使業務、市場行銷和客戶管理保持一致** 作為經理，關鍵是你能夠將行銷、業務和客戶管理保持在同一頁面上。這種一致性確保了我們可以從認識到擴展，最大程度地利用每位客戶的潛力。
關鍵結果 （Key Results）	• 在行銷，銷售和客戶管理部門的主要利益相關者之間舉行每月一次的定期會議 • 在評級中達到 ××% 或更高的評級 • 每月提供 ×× ～ ×× 個客戶生命週期改進 • 在季度末創建一個統一的儀表板，以突出顯示跨銷售，客戶管理和市場行銷的指標

13.5 業務開發經理

目標 （Objective）	**為你的業務開發代表配備成功和成長的動力** 從適當的入職到持續的指導，為業務開發代表鋪設成功之路是你的工作。
關鍵結果 （Key Results）	• 本季度更新 ×× 本現有的劇本 • 為團隊中的每個業務開發代表設定清晰的職業道路 • 與團隊中的每個業務開發代表一起做每週一次的電話輔導 • 報告指標並每週確定至少 ×× 個需要改進的地方 • 每月與每位直屬下屬在一對一會議上進行至少 ×× 次以成長為重點的對話
目標 （Objective）	**讓你的業務開發代表達到或超越簡單撥號和對話** 讓我們為業務開發代表團隊配備從他們開始工作之日起就可以開始運作的一切。
關鍵結果 （Key Results）	• 每個業務開發代表每天平均撥打 ×× 通電話 • 每個業務開發代表每天發送 ×× 封或更多電子郵件 • 跨業務開發代表的電子郵件的平均回覆率為 ××% 以上

目標 （Objective）	**成為一個卓越的經理人** 這種領導方法應該應用於所有部門中具備人員管理職責的領導。
關鍵結果 （Key Results）	<ul><li>將人員置於流程之上（例如：寫 ×× 張手寫卡給團隊成員以慶祝達成里程碑）</li><li>將行動置於分析之上（例如：將構建－測量－學習這一週期縮短 ×× 週）</li><li>將績效置於考勤之上（例如：確保每個團隊成員都記錄了 OKR，並按照計畫參加會議）</li><li>傾聽重於宣講</li><li>意願重於技能（例如：與你的團隊進行每月一次的輔導課程）</li></ul>
目標 （Objective）	**成為一名出色的銷售教練** 你的工作不是要做業務代表 － 那樣你手下的業務代表無法學習和成長。相反，請專注於成為你團隊的優秀教練，因為那才是真正促使我們取得成功的因素。
關鍵結果 （Key Results）	<ul><li>每月安排並舉辦 ×× 次教練課程，其中包含你的每個直屬下屬</li><li>每月舉行一次午餐，並向銷售團隊學習新的策略，策略或技巧</li><li>為每個直屬下屬創建量身定做的指導計畫（改進領域，學習方式等）</li><li>本季度與每個代表共同制定 ×× 個或更多個人和專業發展目標</li></ul>

13.6 業務開發代表

目標 （Objective）	**產生 ×× 美元的新潛在業務** 專注於可以快速和／或贏得巨大銷售收入的機會。
關鍵結果 （Key Results）	<ul><li>平均機會價值大於或等於 ×× 萬美元</li><li>預定 ×× 個合格的演示</li><li>超過 ××%的演示被客戶主管認定為合格</li></ul>
目標 （Objective）	**預定 ×× 個合格的會議** 著重於預定的會議品質與數量。我們可以將越好的潛在線索傳遞給客戶主管團隊，越有可能實現部門收入目標。

關鍵結果 （Key Results）	● 預訂 ×× 個介紹電話 ● 從介紹電話到演示的轉換率達到 ××% ● 超過 ××%的演示被客戶主管認定為合格
目標 （Objective）	**超出所需的探索活動** 達到並超越業務開發代表團隊的指標。
關鍵結果 （Key Results）	● 記錄 ×× 個銷售活動（電話、電子郵件等） ● 預訂並運行 ×× 個簡介電話 ● 獲得 ×× 條從網路技術（預算、許可權、需求、時間線）角度合格的線索

13.7 業務經理

目標 （Objective）	**讓 ××%的業務代表達到銷售指標的 ××%以上** 使 ××%的業務代表達到指標的 ××%以上是確保業務長期成功的關鍵，也是維持當前業務代表的關鍵。當業務代表沒有達到配額，執行績效改善計畫或由於缺少目標而離開業務時，這將成為一個挑戰。也就是說，達到業務代表目標的 ××%可確保業務健康成長，維持收入目標，並確保遵守員工總數目標。
關鍵結果 （Key Results）	● ×× 位的業務代表達到或超過了年度目標 ● 每月每個代表至少要進行 ×× 次輔導 ● 每月為團隊辦 ×× 次午餐學習會，有關新的戰術、策略或技巧
目標 （Objective）	**成為一個卓越的經理人**
關鍵結果 （Key Results）	● 將人員置於流程之上（例如：寫 ×× 張手寫卡給團隊成員以慶祝達成里程碑） ● 將行動置於分析之上（例如：將構建－測量－學習這一週期縮短 ×× 週） ● 將績效置於考勤之上（例如：確保每個團隊成員都記錄了OKR，並按照計畫參加會議） ● 傾聽重於宣講 ● 意願重於技能（例如：與你的團隊進行每月一次的輔導課程）

目標 （Objective）	**提升你的管理技能** 優秀的管理人員可以保持團隊敬業度、高績效並留住人才。即使你已經是一位出色的經理，也總有改進的餘地。讓我們齊心協力，繼續傾聽，學習和發展我們的管理技能，並建立一種分享和對回饋採取行動的文化。
關鍵結果 （Key Results）	• 每月至少向每個直屬下屬提供 ×× 條可行的回饋意見 • 每月至少從每個直屬下屬處獲得 ×× 條可行的回饋意見 • 每月至少要和每個直屬下屬進行一次職業對話 • 本季度與一位管理教練／導師會面 • 在季度末根據員工的回饋採取行動並與團隊一起檢查你的進度
目標 （Objective）	**建立認可文化** 每個人都喜歡為出色的工作而受到認可。建立一種文化，以促進整個團隊之間的認可共用。
關鍵結果 （Key Results）	• 在銷售團隊會議議程中設置重複項目，專門用於發聲 • 詢問每一個直屬下屬「上週誰做得很棒」，在本季度的一對一調查中至少要問一次 • 公開慶祝每場勝利和達成的交易
目標 （Objective）	**與其他團隊合作以推動新的管道和創收機會** 僅僅一個部門的努力就不會實現真正的成長。這是公司範圍內的努力。跨職能合作以發現新的機會並利用現有的機會。
關鍵結果 （Key Results）	• 舉行有效的每月銷售和行銷會議（平均會議評分為正） • 安排部門每月午餐學習會，向銷售團隊介紹新資訊 • 每週進行潛在業務審查，以找出漏斗中的差距和主要下降點 • 確定潛在客戶不轉化為客戶的 ×× 個關鍵原因並與適當的團隊共用

目標 （Objective）	**成為一名出色的業務教練** 你的工作不是要替業務代表包辦一切，那樣的話你的業務代表無法學習和成長。相反，請專注於成為你團隊的優秀教練，因為那才是真正促使我們取得成功的因素。
關鍵結果 （Key Results）	• 每月安排並舉辦 ×× 次教練課程，其中包含你的每個直屬下屬 • 每月舉辦一次銷售團隊午餐學習會，有關新的策略、策略或技巧 • 為每個直屬下屬創建量身定製的指導計畫（改進領域、學習方式等） • 本季度與每個代表共同制定 ×× 個或更多個人和專業發展目標

13.8 業務副總裁

目標 （Objective）	**成為一個卓越的經理人** 這種領導方法應該應用於所有部門中具備人員管理職責的領導。
關鍵結果 （Key Results）	• 將人員置於流程之上（例如：寫 ×× 張手寫卡給團隊成員以慶祝達成里程碑） • 將行動置於分析之上（例如：將構建－測量－學習這一週期縮短 ×× 週） • 將績效置於考勤之上（例如：確保每個團隊成員都記錄了OKR，並按照計畫參加會議） • 傾聽重於宣講 • 意願重於技能（例如：與你的團隊進行每月一次的輔導課程）
目標 （Objective）	**提升你的管理技能** 優秀的管理人員可以保持團隊敬業度、高績效並留住人才。即使你已經是一位出色的經理，也總有改進的餘地。讓我們齊心協力，繼續傾聽，學習和發展我們的管理技能，並建立一種分享和對回饋採取行動的文化。

關鍵結果 （Key Results）	<ul><li>每月至少向每個直屬下屬提供 ×× 條可行的回饋意見</li><li>每月至少從每個直屬下屬處獲得 ×× 條可行的回饋意見</li><li>每月至少要和每個直屬下屬進行一次職業對話</li><li>本季度與一位管理教練／導師會面</li><li>在季度末根據員工的回饋採取行動並與團隊一起檢查你的進度</li></ul>
目標 （Objective）	**在整個團隊中實施新的一對一計畫，以促進經理與其直屬下屬之間更好的溝通** 一對一是建立信任、分享回饋和與每個團隊成員互動的好機會。一對一提供了一個專門的時間和地點來討論一切從路障到職業抱負，使他們獨當一面。
關鍵結果 （Key Results）	<ul><li>選擇一對一的會議平臺</li><li>選擇未來 ×× 個月的 ×× ～ ×× 個主題供團隊改進（即成長、溝通、激勵）</li><li>與所有人員管理者會面，介紹概念並討論主題</li><li>將概念介紹給整個團隊，並確保每個經理與其直屬下屬安排會議</li><li>確保每個經理在每一個與主題相關的一對一中都會提出發人深省的問題</li><li>每個月與你的經理核實，以確保沒有取消任何一對一會議，並且只因假期或緊急情況而重新安排</li><li>本季度閱讀一本關於溝通或提問的書</li></ul>
目標 （Objective）	**聘請新的業務代表並填補銷售空白** 聘請新的業務代表或進行內部宣傳以填補任何空白並推動我們的發展。
關鍵結果 （Key Results）	<ul><li>聘請經驗豐富的領導者擔任各個職能職位</li><li>聘請 ×× 位業務開發代表</li><li>聘請或者晉升 ×× 位客戶主管</li><li>聘請或晉升 ×× 位業務經理</li><li>聘請 ×× 位銷售總監</li></ul>

目標 （Objective）	**總計 ×× 萬美元的新訂單淨額** 為了實現我們的季度收入目標，我們將重點放在保持健康和龐大的潛在業務。
關鍵結果 （Key Results）	• 將簽訂的多年合約從 ××% 增加到 ××% • 在下一財年獲得 ×× 萬美元的淨新年度經常性收入
目標 （Objective）	**產生 ×× 萬美元的淨新收入** 專注於保持我們的成長動力。
關鍵結果 （Key Results）	• 在新管道中創造 ×× 萬美元的收入 • 維持 ×× 個月或更短的銷售週期 • 將勝率提升到 ××% • 簽約 ×× 個新客戶

聚焦突破！OKR 管理，從 CEO 到小員工：

專注並執行！不論企業規模、職位高低、員工多寡通通受用，Google 和一流企業激推的超強管理法則

作　　　者：楊全紅

策　　　劃：三茅人力資源網

責 任 編 輯：高惠娟

發 行 人：黃振庭

出 版 者：樂律文化事業有限公司

發 行 者：崧博出版事業有限公司

E - m a i l：sonbookservice@gmail.com

粉 絲 頁：https://www.facebook.com/sonbookss/

網　　　址：https://sonbook.net/

地　　　址：台北市中正區重慶南路一段 61 號 8 樓

8F., No.61, Sec. 1, Chongqing S. Rd., Zhongzheng Dist., Taipei City 100, Taiwan

電　　　話：(02)2370-3310

傳　　　真：(02)2388-1990

律 師 顧 問：廣華律師事務所 張珮琦律師

定　　　價：480 元

發 行 日 期：2024 年 07 月第一版

◎本書以 POD 印製

Design Assets from Freepik.com

國家圖書館出版品預行編目資料

聚焦突破！OKR 管理，從 CEO 到小員工：專注並執行！不論企業規模、職位高低、員工多寡通通受用，Google 和一流企業激推的超強管理法則 / 楊全紅 著，三茅人力資源網 策劃 .-- 第一版 .-- 臺北市：樂律文化事業有限公司 , 2024.07
面；　公分
POD 版
ISBN 978-626-98761-5-0(平裝)
1.CST: 目標管理 2.CST: 決策管理
494.17　113008858

電子書購買

爽讀 APP

臉書